阅读成就思想……

Read to Achieve

焦虑的狂欢

［瑞典］罗兰·保尔森 著　马博 译
（Roland Paulsen）

当下社会的
集体不安与救赎

Tänk om
en studie i oro

中国人民大学出版社
·北京·

图书在版编目（CIP）数据

焦虑的狂欢：当下社会的集体不安与救赎 /（瑞典）罗兰·保尔森（Roland Paulsen）著；马博译. -- 北京：中国人民大学出版社，2025. 6. -- ISBN 978-7-300-33897-2

Ⅰ. B842.6-49

中国国家版本馆 CIP 数据核字第 202565DA25 号

焦虑的狂欢：当下社会的集体不安与救赎

［瑞典］罗兰·保尔森（Roland Paulsen） 著

马　博　译

JIAOLÜ DE KUANGHUAN：DANGXIA SHEHUI DE JITI BUAN YU JIUSHU

出版发行	中国人民大学出版社		
社　　址	北京中关村大街 31 号	邮政编码	100080
电　　话	010-62511242（总编室）	010-62511770（质管部）	
	010-82501766（邮购部）	010-62514148（门市部）	
	010-62511173（发行公司）	010-62515275（盗版举报）	
网　　址	http：//www.crup.com.cn		
经　　销	新华书店		
印　　刷	天津中印联印务有限公司		
开　　本	720 mm×1000 mm　1/16	版　次	2025 年 6 月第 1 版
印　　张	16.5　插页 1	印　次	2025 年 6 月第 1 次印刷
字　　数	208 000	定　价	69.90 元

版权所有　　　侵权必究　　　印装差错　　　负责调换

前言 | 集体的不安与痛苦

"如果……会怎样？"这个问题犹如一种智力游戏。"如果……会怎样"的疑问促使人类登上了月球，促使科学家打开了研究粒子世界的大门；"如果……会怎样"的假设，也导致了种族灭绝和经济灾难。

当我写到这里时，脑海中不断涌现出"如果……会怎样"的问题：如果阻止流行病的措施不足会怎样？如果这些措施过多会怎样？如果这些措施导致经济危机会怎样？如果由此产生的失业和贫困导致了更多人的死亡会怎样？如果疫苗接种不足会怎样？如果我们从现在开始不得不面对疫情的定期暴发又会怎样……

这些问题都是由事态本身的发展状况所带来的，尽管世界顶尖的专家们已经进行过不少研究，但却很难找到答案。那么，当个人面临类似的假设问题时，会怎样？

这就是我写本书的目的，围绕一个问题，即生活到底会变得多复杂而展开探讨。本书的内容适用于任何一个没有患过长期抑郁症或焦虑症的人。我们许多人都有过很糟糕的感受，但事实上，这种感受已经成了日常生活的一部分。

2017年，世界卫生组织（WHO）的报告中指出，预计2030年在世界范围内，抑郁症将取代身体疾病成为最常见的损害健康的因素，几年来它们也一直为此发出警告。在短短的十年时间里，患有抑郁症的人数增加了近20%，而焦虑症比抑郁症的传播更广泛。

虽然糟糕的感受也是生活的一部分，但它们似乎在生活中占据了越来越大的比重。它们不再被当成一种社会建构[①]，也不再单纯地用来说明我们感觉怎么样或是否幸福。所有可查的统计数据都可以得出相同的结论：我们比以往任何时候都感觉更糟。

这本书旨在说明，为什么担忧和焦虑在生活中变得如此明显。本书描绘了这种心理现象从史前时代到现代的发展过程。在这个过程中，当人们因为未来、因果、风险、灾难，以及自己的思考和感情这些因素而感到迷茫时，就会对世界越来越失望，由此精神健康便会受到损害，这就是焦虑带来的众多症状之一。

在过去四年里，我一直沉浸于各种统计数据中，总结了人类所蒙受的那些精神痛苦，我也和很多人聊过他们所遇到的问题。我想写特定的人，特定的问题，而不仅仅是停留在统计和诊断的层面上。帕特里克沉迷于自己的思考之中，无法注意到自己的妻子和孩子；萨米拉在离婚后进行了近四十次迷幻之旅，并在迷幻旅程中遇到了上帝；海伦娜在短短一年内接受了四种不同的癌症筛查，但实际上她并没有生病；丹尼尔是一位严重的强迫症患者。

他们中的许多人都是极端的例子。我们都会挣扎于日常生活中无数相对"正常"的各种问题中，这与他们遇到的问题相比，其实并没有太大的不同。焦虑症患者反复想象同样的灾难场景；强迫症患者总在强迫与反强迫的意识之间苦苦挣扎；恐慌症患者突然就陷入了自己满满的恐惧中并开始惊恐发作，这些都是相同的焦虑模式所引发的不同表现方式。它们共同说明了一个问题：在当下这个时间点，人生正朝着错误的方向发展。然而，这个方向可以随时被改变。

我希望你喜欢这本书，但更重要的是我希望你明白，我们有着同样的孤独和痛苦。

[①] 社会建构主义是社会学和传播学中的知识论，它考察人们如何共同建构对世界的认识，而这种认识是人们对现实的共同假设的基础。——译者注

目录 | CONTENTS

引言　通往思考的窗口　　1

第一部分
我们生活在充斥着焦虑的社会

第 1 章　焦虑是怎样一种感受　　18

第 2 章　焦虑是如何得势的　　36

第 3 章　陷入思想的困境　　54

第二部分
焦虑的历史与根源

第 4 章　时间线：我们如何走到今天　　72

第 5 章　祛魅：现代社会的幻灭感　　93

第 6 章　技术如何加剧焦虑　　109

第 7 章　充满风险的当下社会　　127

第 8 章　你也是风险的一分子　　150

第 9 章　活在自我怀疑中　　174

第三部分
焦虑破解之道

第 10 章　从焦虑到行动　　206

第 11 章　与担忧共存　　227

第 12 章　活出更自由的人生　　242

结语　　255

引言 │ 通往思考的窗口

伊索曾创作了这样一则寓言：三位希腊神话中的神举办了一场艺术比赛。波塞冬创造了一头公牛，雅典娜创造了一座房子，宙斯创造了一个人。他们选择了讽刺大师摩摩斯作为裁判。然而，所有的作品都被摩摩斯嘲笑了一番：他说公牛的眼睛位置有问题，它们应该在牛角的正下方，这样公牛才能看到它撞到了什么地方；接着他又说，雅典娜的房子建得很糟糕，因为它没有轮子，无法随人一起搬迁；最后，他觉得宙斯创造的人类可以隐藏自己的想法，他们胸口没有可以让所有人都看进去并了解其内心想法的窗口。宙斯嫌弃摩摩斯挑剔太多，把他从奥林匹斯山扔了出去。

在最古老的记录伊索寓言的书籍中，摩摩斯没有解释为什么他想一窥人的内心，留给阅读者想象的空间。在一个晚期古董版本的伊索寓言中记载着，摩摩斯希望能更轻松地分辨出一个人是否在撒谎，这是一个很好的解释。对于为什么要打开人类思考的窗口，我们也可以联想到很多其他的原因，但至少有一个重要的原因不容忽略：这样的窗口可以帮助人们减少孤独感。

我们总是低估他人的不幸，这是一个有事实依据的现象。在研究中，参与者首先描述自己的问题，然后评估他人的问题，结论很明显：我们总是相信别人比我们活得更轻松，无论对陌生人还是对熟悉的人都是如此。我们越低估别人的不幸，自己就越容易陷入不幸；一旦我们认为别人更快乐，我们就会变得更焦虑，更忧伤。这个想法背后可能有嫉妒的因素，然而，当我们知道别人也处境艰难时，就会觉得跟遭遇失败的人比起来，自己所承受的痛苦就没那么严重了。

由此可见，当知道其他人类同胞的真实情况后，我们的焦虑还能剩下多少呢？

杂音：安静不下来的头脑

丹尼尔是一位音乐家，有着一头浓密的棕色头发，让人很容易联想到他摆着头演奏大提琴奏鸣曲的样子。当我们第一次见面时，他给我的第一印象是幸福快乐的，虽然当时我已经知道丹尼尔有心理问题——这也是我们要见面的原因。当时他的样子让我在脑海中勾勒出了一幅他童年的画面：健康的饮食、亲密陪伴的父母、规律的乐器训练和在消暑别墅里度过的一个个假期。他的成长过程始终伴随着对大提琴的热爱，那是他从小就喜欢的乐器。在艺术生涯中，他有幸遇到了音乐学院里的伯乐，使他顺利获得了巴黎和斯特拉斯堡的居留许可。以上这些是他个人传记的一部分。在他日复一日单调的重复练习中，音乐总是一缕希望的光，为他打造了一座避风港。直到今天，他仍然遗憾没有在音乐上投入更多的精力。如果那样做了，没准他通过音乐可以把自己从一切负面的东西中拯救出来，尤其从那个几乎毁灭了他的、反复思考自己到底是不是个好人的焦虑情绪中拯救出来。

并不是说做个好人有什么问题，"成为一个好人"这个目标本身并没有错。唯一的问题是"做好人"的真正定义是什么。对于丹尼尔来说，它全部的意义就是对自己的行为负责。但如何理解这个意义呢？

丹尼尔的家乡有一条河。孩子们夏天会在里面游泳，冬天会在冰上奔跑。丹尼尔喜欢站在桥栏杆旁眺望这条河流，或者把石头扔进去，观察它们如何被黑色的河水吞没。一天放学后，他从路边捡起一些石头扔进了河里，然后就回家了。

当他躺在床上准备睡觉的时候，忽然想到自己可能做了一件蠢事。几年前，有人把一辆自行车扔进了河里，从那以后没有人再找到过它，自行车就一直躺在河里。当想到那辆自行车沉在河底，半埋在沙子中，锈迹斑斑时，他突然感觉心情很沉重。

"如果……会怎样？"他记得，当时这个想法对他来说犹如一个恶作剧，没有人能够理解。这个想法既不切实际，也不太可能发生。嗯，并非完全不可能，确实有风险，但风险小得可笑，小到不真实。当然，他扔进河里的某一块石头可能会砸到河底的自行车，概率非常小，但不排除其可能性。即使被砸中，铁锈因此从自行车上脱落的可能性也非常小。

低风险？微小到可以忽略的风险？但这还是意味着有风险。他想，这和飞机坠毁的风险差不多，甚至可以说，与小行星撞击地球的概率差不多，微小的风险有时也会导致大的灾难。可能还会有另一种后果，脱落的铁锈会散布在水中……噢不，现在面对的是一个可以忽略不计的微小风险，一个几乎不可能的风险。

尽管如此，他最终还是联想到了这点：如果他扔的石头把自行车上的铁锈砸下来，最终毒害了河里的鱼会怎样？他立刻意识到这真是一个疯狂的想法。尽管如此，风险还是存在的。如果他制造了这样的灾难，难道不应该承担责任吗？

他在床上辗转反侧，无法好好地面对这个想法。这个想法对他来说已经成为了沉重的负担，他越去想，负担就越大。他开始进一步思考这个问题，脑海里已经浮现出了各种场景：当地报纸上刊登着漂浮着死鱼的照片，一名警察说还没有找到嫌疑人，但有目击者作证说，一个男孩从桥上扔下了一堆石头；也许还有一位专家正在对这件事进行解释，他说如果河底有废料，就不应该将石头扔进河里，这会对"动物群""生物群落"和"生态系统"造成一系列影响。

接下来，他疯狂的思绪又回到了开场的那一刻，太可怕了！仅仅一瞬间，他又被拽回那个场景：当时他为什么要往河里扔几块石头呢？还是那么大的石头！

这个想法让他睡不着觉。自己不应该做点什么吗？跟大人坦白？这个想法太疯狂了，连他自己都觉得这一切都不是真的。可为什么这么疯狂的想法在自己头脑里挥之不去呢？如果自己想象的可怕后果真的发生了怎么办？他脑子里已经重新浮现出死鱼的照片了。屋子里其他人都已熟睡很久，只有丹尼尔还一直清醒着。第二天早上，当他睁开眼睛时，又听到了自己内心的声音。

那个念头还在吗？是的，它还在。这让他沮丧了好几天。

他在跟自己做心理斗争：是否应该坦白自己的错误，然后顺其自然地面对一切后果？但别人会嘲笑他！那是最糟糕的事情。他的行为可能引发的事情吓到了他，而当他认真面对自己内心潜在的想法时，焦虑又会进一步加深。这不对劲，他肯定出问题了。

最后，他决定为自己的所作所为负起责任，并向母亲坦白。不过他的母亲显然不明白问题出在哪里，他只好尽可能仔细地描述每一个可能的危险，好不容易才解释清楚自己到底做了什么。直到今天，他都不确定母亲当时是否真的了解情况了，但那一刻开启了他与母亲之间接下来的一系列交流：告白与安慰。

从对死亡的恐惧到担心自己可能患上癌症，到隐约的不安全感，再到未来可能会发生的概率很低的灾难……任何可能发生的事情都让他担心。他总是害怕自己把课本忘在家里，或者忘记拔储物柜的钥匙。他不应该再检查一下吗？即使母亲向他保证刚才在背包里看到过钥匙和书，他还是会在去学校的路上反复拉开拉链检查十几次。毕竟从理论上讲，他之前都有可能看错了，所以有时他甚至会在储物柜前停留足足20分钟，以确保它被好好地锁上了。

"为什么这些对你来说如此重要？"

"我也不知道，可能对我来说在学校好好表现非常重要，比如考试之前我都会花好几个星期准备。我不知道自己那样做是为什么，也许是我的性格使然，也许我总觉得如果不按规律行事，一切都会消亡。即使我并不清楚'消亡'究竟意味着什么。"

烦恼总在发生变化，并引发更多的烦恼。他搞不清楚自己到底有什么问题。他每次向母亲告白时，都知道将会听到什么样的安慰，而且母亲说的都是对的。但他的自我怀疑就像是脑子里停不下来的杂音，只有运动和高强度的音乐练习才能让他好受一些。

即使丹尼尔搬出了自己家，开始攻读工程学位之后，他也仍需要不断打电话给母亲寻求安慰，好让自己平静下来。他刚提交学士论文，就深深地担忧自己可能会涉嫌抄袭。论文写到最后的时候，一位同学就他论文中的部分理论提出了建议，尽管丹尼尔明白这不是抄袭，但他还是用谷歌搜索了各种标准，看了许多关于抄袭和论文灰色地带的讨论，他想这些可不能出现在自己的论文上。

虽然他的论文没有涉及以上的违规行为，但没准在理念层面上就涉嫌抄袭了呢？他担心自己会误解法律的要求。他先是找了一些抄袭的先例，并列出了控方可能对他提出的论点；接下来，他又列出了辩方的反驳意见。他想象着自己会被所在大学开除，然后学校的报纸上会刊登他的事情。母亲尽力让他平静下来，但上述的辩论在他的脑海中持续了好几个小时。很快，他不但掌握了陈述逻辑的精髓，还成了版权法专家。

对于抄袭的担忧，只有当他在精神上陷入下一个痛苦时才会消失。新的担忧会带来新的折磨，而上一个阶段的辩论就像冥想过程中自我救赎的阶段。

对于丹尼尔来说，访问色情网站也会给他带来激烈的心理冲突。在他还很小的时候，这方面的思想冲击就开始了。例如，为什么看到一个女人在喂奶就会兴奋？如果自己不是因为看到女人而兴奋，而是因为看到男人而兴奋，那会怎样？这能说明他是同性恋吗？是不是同性恋没关系，但问题在于他不认为自己是同性恋，他感兴趣的是女人而不是男人。但那只是自己认为的，对吗？万一自己本质上就是个同性恋，但这个本质一直埋藏在内心深处而不自知，那怎么办？也许他只是一个同性恋歧视者，就如同某些道貌岸然的神父，上一刻还在谴责同性恋是魔鬼创造的怪胎，结果下一刻就被发现在公共厕所与一个男人暧昧不清。

他这次的焦虑引起了母亲的高度重视。如果他真是同性恋，母亲不想让他为此感到羞耻，她希望儿子能够用开放性的态度来看待这件事。

当丹尼尔怀疑自己是恋童癖时，他再也无法向母亲求助了。这时他刚刚获得了斯特拉斯堡大学的交换生项目名额，并已经与那里的一个乐团有过接触。当他点开一个色情网站时，突然出现大量弹窗，他急忙一个个点击关闭按钮，却看到了一些关于儿童色情的东西。丹尼尔顿感血气上涌，他惊慌失措，疯狂地关闭了他的电脑。

"我吓得钻到了床底下。"

儿童色情内容怎么会出现在他的电脑屏幕上呢？那不是只有进入"暗网"才能看到的东西吗？是否因为与谷歌发生信息交互的时候电脑中毒了？但谷歌不是正在致力于阻止此类网站的传播吗？

他用谷歌进行过搜索。

又一个"从没出现过的想法"控制了他的思绪，在脑海中他又对自己提起了新的诉讼。如果……会怎样？接下来的问题排着队出现，他越想越觉得可能，越想也越觉得不可能。

如果这真的是涉及儿童色情的内容怎么办？就这么轻易地出现在网上，下载此类内容的人是有罪的。

如果警察怀疑他并在他的电脑上发现了一些相关的数据痕迹怎么办？但警察怎么会关注他的电脑呢？

如果他在自己的电脑上使用谷歌搜索某个打击网络犯罪工作组时发出了一个信号怎么办？天啊！他的搜索内容真的很可疑：如何找到儿童色情内容？如果不是因为这个引发的警报，那么警察也没有理由找他谈话。

如果警察正在调查他并监视他的上网活动怎么办？但这有可能也是一件好事，不是吗？因为那样的话，他们就会发现自己并没有浏览过其他可疑的页面。是的，尽管如此，但又回到了第一个"如果……会怎样"的问题上。

如果检察机构展开调查怎么办？他的辩护理由听起来是不是很空洞？但是检察官会理解他的，不是吗？毕竟他什么都没做，他们必须得明白这一点。即使进行了调查，检察官也可能会发现证据的力度太弱，无法应对法律审查——他以前就知道这一点。

如果最终还是要面对审判，他将被迫寻找辩护律师，那怎么办？他还能渡过这一关吗？

如果他被无罪释放怎么办？当然，这比定罪的结果要好，但他能忍受被怀疑吗？这场审判会在某个档案簿中留下记录吗？毕竟俗话说："有烟的地方必定有火。"难道他一生都要时不时为自己辩护吗？

如果他被定罪怎么办？

丹尼尔说，每出现一个新的"如果……会怎样"，他内心的焦虑就犹如被注入了新的营养剂。

"直到今天我还是这样。即使被定罪的风险只有千万分之一，也不能让我感到安心，那都会让我满脑子只能想着风险，完全装不下其他任何东西。这时，我就开始胡思乱想，如果所有朋友都背弃我了，如果我被定罪了，那我会怎么办。"

"你会怎么办？"

"我会出家，过孤独的退隐生活。"

在担忧是否触犯法律的同时，他又再次质疑了自己的性取向，但这一次的自我质疑让他觉得难以承受。他为什么这么在意这一点？只是害怕承担法律后果，还是有其他隐藏的原因？几个星期以来，他一直在思考如何获取儿童色情内容的方式，这不是很奇怪吗？当然，那是因为他想证明自己没有犯罪，但背后是否还有另一个隐藏的动机？如果他潜意识里是恋童癖会怎样？如果这个潜意识就是导致他提出前面那一系列问题的罪魁祸首，会怎样？

脑子里满满地只有这个念头了。如果自己是恋童癖，那么带来的感受都是内疚和羞耻，并没有恋童癖所追求的兴奋和刺激。同时这也是他唯一的救命稻草，会让他觉得那些都只是自己的想象而已：恋童癖的想法让他充满了厌恶。但如果那种厌恶才是他真正的兴奋点呢？他真的能确定自己没有被唤醒内心的欲望吗？

在斯特拉斯堡的交换生年度中，他接受了考验。

"毕竟在这样的地方，我几乎看不到孩子，所以无法判断他们是否对我有性吸引力。这本身就是可疑的。但如果一个人本身并不会被孩童吸引，又怎么会特意去关注他们呢？"

虽然丹尼尔很想证明自己肯定不是恋童癖，但他再也无法相信自己了。他在内心法庭中，一次次进行了上诉又败诉。如果他认为这一切都是自己的想象，那就又会责怪自己压抑了内心。在寻找性唤起的迹象时，他表现得像个恋童癖，但他要是下定决心不再去想这件事，这些想法依然会源源不断地冒出来。他无法制止自己关于恋童癖的想法，这是不是就足以证明自己是恋童癖？又或者是……？

丹尼尔的状态并没有随着时间的推移而好转，反而变得更糟。他如同被困在不停旋转的仓鼠轮中，跑得越久焦虑感就越大，于是他决定求助于斯特拉斯堡大学的心理健康咨询中心。他粗略地描述了自己的内心怪圈，却不敢把自己的想法和感受全部说出来。直到回了瑞典，他才向心理医生详细坦白。

当丹尼尔倾诉完一切时，女心理医生说了一句话，这几乎救了他一命。医生是这样解释的：如果她想确保自己的孩子不受虐待，就会聘请丹尼尔担任家庭保姆，因为他不是恋童癖。从相反的角度来理解就是，如果丹尼尔没有对恋童癖的厌恶，那么这个话题永远不会在他的内心发展成这样一个强迫性的想法。

不确定性：焦虑如何侵蚀我们的日常

丹尼尔患有强迫障碍，在英语中称作"obsessive compulsive disorder"（OCD），确切地说，就是一种强迫症。"如果我是恋童癖会怎样"这类他很抗拒的想法强行进入他的脑海，并左右了他的思考。其实我们每个人都可能会产生这类不受欢迎的想法。只有当我们不允许自己产生这种想法，想要用谴责或反驳来"抵消"它们时，才会出问题，因为这样做会使人产生自相矛盾的感受，并延伸得越来越广。

目前尚不清楚这种疾病是如何产生的，但在过去数年里已经有了好多种关于它的理论，以下是两个在医学上最有影响的理论。

第一种理论认为，丹尼尔这样的症状是由大脑功能失调引起的，可能是眶额皮质、基底神经节和丘脑之间的关联出了问题。它们之间的关系可以简单地概括为：眶额皮质感受到了外界信息，并向基底神经节发送信号，基底神经节又向丘脑发送信号，这便是神经支配人体运动机能的过程。人们可以假设：神经对那些不受欢迎的想法进行抵消后，又将信息发送回眶额皮质，这些步骤都发生在一个恒定的周期。如果丘脑向眶额皮质发送错误的警告信号，眶额皮质就会错误地判定原本的危险信号是没有危险的。那么就会出现问题，被抵消掉的想法所产生的预期结果和实际结果就不一致了，这时另一个新的抵消想法便顺势而生，于是就形成了一个"尝试－报错"的漩涡。

第二种理论认为，丹尼尔之所以产生这种状况，是因为他自己养成了一种超道德，来隐藏和补偿他自身的某些（自己认为的）不堪的真相。除了这个原因以外，它还有可能是由于青春期手淫而产生的潜意识内疚感导致的，或者是由于攻击性冲动被超道德压抑得太厉害，造成了强迫性思考反弹。西格蒙德·弗洛伊德引用"鼠人案例"来说明这个过程：一个男人担心他的父亲和未婚妻的肠子被饥饿的老鼠撕咬而备受折磨。这个想法让他感到痛苦和厌恶，最终形成一种强迫症。弗洛伊德认为，这是一种肛门性欲被压抑的表现。这个男人通过联想父亲肛门里的老鼠来逃避自己的肛门性欲。由此可以推断，丹尼尔的那些强迫性想法无论看起来多么可怕，都只是在帮助他隐藏一个关于他自己的、不便为人所知的内心真相。

两种理论都可能是正确的，而且互不排斥，但两者也都有缺点。它们都没有找到丹尼尔心理问题的源头。如果那些强迫性思维源于大脑中的功能失调，那么这种功能失调是如何产生的？如果丹尼尔的心理疾病与抑制羞耻欲望的超道德有关，那么这种超道德从何而来？在它之前发生了什么才产生了超道德？

在这本书中，我想提出第三种理论。我认为丹尼尔的问题是一种极端习得性无助的表现。大多数人都在某种程度上遭受过这种痛苦，而且在过去两个世纪里，习得性无助的波及范围也急剧扩大。这种无助不仅体现在个人行为上，也体现在社会、政治、立法、科技和工作等各个领域。可以说它不仅仅是单独个体的病症，更是一种普遍的现象：现代人通常无法忍受不确定性的生活。

对因果关系（如果……会怎样）的思考是处理不确定性的工具。我们想象着已经发生或可能发生的事情，然后计算概率并权衡风险。当我写下这些话时，公众的讨论几乎全是围绕着新冠肺炎主题的各种情境假设进行的。

幸运的是，这些"如果……会怎样"都迅速找到了解决方法。自新冠肺炎流行开始以后，许多大型新闻门户网站的点击量都翻了一番。我们不但有各种统计数据、科学论文，还有无数的专家，他们在自己的职业生涯中专门处理此类流行病学的问题。即使如此，我们的未来也不是确定的，每一个决定都需要多方参与者一再商榷，专家们的意见并不统一。意见分歧在世界各地都有体现，各国政府实施的措施互不相同，各有其特征：入境禁令、宵禁、各类学校和餐馆的关闭以及禁止大型集会，等等。各地都在热烈讨论这些措施到底是太保守还是太激进。

如果在个人生活中遇到类似"如果……会怎样"的问题，事情就会变得非常复杂。

"如果……会怎样"的怪圈在过去几十年中急剧增加。在20世纪70年代，根据估计的数字，只有大约0.005%～0.05%的美国公民患有强迫性思维症状，当时的执业心理学家甚至有可能在他们的职业生涯中从未见过强迫症患者。1973年，一位美国研究人员写道，强迫症"无疑是最不寻常的精神障碍表现形式之一"。

今天，世界卫生组织将强迫性思维列为最常见的心理健康问题之一。一项调查研究表明，在西方国家大约2%～3%的人患有强迫症。在这里，强迫症只是某种特定思维的表达形式，包括所有"如果……会怎样"这个问题带来的担忧，并由此引发人们对未知事情进行复杂的风险评估。许许多多的"如果……会怎样"的问题也逐渐被细化为不同的临床特征：

- 如果我的头痛是由脑膜炎引起的，会怎样？——疑病症；
- 如果其他人的沉默是因为不喜欢我，会怎样？——社交恐惧症；
- 如果我现在死了，会怎样？——恐慌症。

多年来，相关领域的临床特征变得越来越多样化，但它们都是由同一主题所延伸出来的变化。大约三分之一的欧洲人一生至少遭受一次"如果……会怎样"所引发的焦虑障碍，焦虑症已经成了全球最常见的精神疾病形式之一。

像"障碍"这样的术语，其适用范围还需要更正。"障碍"主要适用于那些被困在"如果……会怎样"的问题中并受到影响的人。如果有人因为思考"如果世界末日到来会怎样"的问题而在自己的花园里建造了一个地堡，那么从诊断的角度来看，只要他不为自己的行为感到烦恼，他就没有精神障碍；相反，通过这种行为，他甚至可以获得社会认同感，从而建立起对个人身份的认同感。

系统设计师构建监控系统，并用它来跟踪绩效、客户联系情况和销售情况，这是他本职工作的一部分。这项工作虽然能够衡量绩效和最大化利润，但商业风险并不见得会因此降低。无论目前的社会犯罪率是正在增长还是正在下降，只要政客们承诺打击犯罪，就能提高自己的选票数。政治要兼具保护功能，也就是说它应该能够抵御威胁——经济危机、失业率上升、竞争力下降、增长放缓、公众健康威胁等。如今欧洲的政治更加激进，更加聚焦于风险，比如一项完全致力于阻止全球变暖的政治政策，就是基于风险评估的政策。显而易见，以上这些目标有着同样的基本原则。

但并非总是如此。每一种焦虑都有它存在的理由，任何可能发生的危险都不是幻觉，而是某种不安全感的表现。就像明天太阳不会再次升起的风险一样，丹尼尔丢在河里的石头也有可能引发不幸的蝴蝶效应，毒害至少一条鱼。事实上，我们随时有可能蒙受灾难。有一位疑病症患者总怀疑自己的身体症状是由癌症引发的，于是他看了75次医生，但这也并不代表第76次问诊的结果肯定不是癌症。如果我们将死亡、疾病和事故等各种风险都考虑在内，那么在整个生命过程中，可怕的事情很可能会发生至少一次。从另一个角度来讲，认为世界是安全的，那就是一种错觉。

焦虑不仅仅与威胁我们的各种危险相关，也与我们会采取的行动以及我们会如何应对这些危险密切相关，由此也区分开了焦虑和恐惧两个不同的概念。

丹麦哲学家索伦·克尔凯郭尔将恐惧定义为当人们真实地看着深渊时产生的感觉。那是真正面对威胁的时候，危险就摆在眼前：如果我摔下去了怎么办？与之相对，焦虑源于想象，想象着自己正站在深渊旁向下看，这时无论是要继续面对那些危险的景象，还是向前迈出一步跳下去，都在自己的掌握之中。

焦虑既是由潜在危险产生的不安全感，也是一种自我反省模式：我需要做什么？我为什么总是想着它？我生气了吗？通过这些问题人们会反思自己，克尔凯郭尔称之为"一种被唤醒的自由的眩晕"。

佛教教义中所说的"无常"也是类似的观念，它道出了一个简单的事实，即世界上的一切都是无常的，最终会在一场以死亡为终点的灾难中画上句号。陷在焦虑中的人们往往无法接受这种人生的无常。我们感受到了危险，继而像螺旋一样不断地自我强化这种感觉，同时寻找着避开危险的方法。焦虑的想法就像强迫性的想法一样，在困扰（被不愉快的事情困住）和冲动（试图消除不愉快的事情）之间摇摆不定。

很早之前，那些受佛教影响的理论就认为，这种摇摆不定被定义为心理疾病是不合理的；相反，即使是心理健康的人也都会有很多这样的想法，都希望能够预知未来，并采取一切预防措施来应对可能发生的问题。我们会不断地被生活中各种各样的噪声打断，它们有时甚至会变得无比响亮，以至于其他的一切都消失在生活的大背景中：无论我们身在何处，是躺在柔软的床上静静听着自己的呼吸声，还是坐在热闹的人群中，或者正独自观赏夜空中的北极光，这些噪音都有可能把这一切变成一场噩梦。

尽管周边的环境很美好，但是这个噪音仍然停不下来，一遍又一遍地重复唤醒同一种想法，什么都不能阻止我们再次经历强迫性想法。我们就好像失去了控制，只能任由事态继续发展。这种忧思与我们的自我融为一体，进而导致的强迫性想法成了一股思想的风暴，并占据了主导地位，难以控制，无法改变，无论过去还是现在我们都没有办法摆脱它的影响。我们被头脑中的噪音操控了，这个噪音就好像是来自大脑控制室的数据一样，构建了我们的个人历史，告诉我们自己是谁。

长久以来，人们一直在关注并研究这种噪音，无论是佛教徒、斯多葛派哲学家、存在主义哲学家、精神分析师还是行为主义者，都认为它是一种先验性的存在。

我想反驳这种假设，因为在我看来，这场思想风暴的噪音实际上是不存在的。人们并不是一直都在应对"自己实际上到底是谁"以及"未来可能受到什么威胁"这两个问题。从历史的角度来看，这些内心的批判和不断的自我怀疑似乎都是近代出现的现象，对潜在灾难的疯狂担忧也是如此。

在大约20万年的时间里，人类都过着游牧生活，生存所需的一点一滴都需要每天想办法去获取。没有耕地，所以人类也就不用担心收成。那个时候人类很难提前几天做计划，而且提前做计划也完全没有意义。后来不断出现新的部落或者社会分层，以及不稳定的等级制度，在这种松散的社会结构下，个体想要通过自我构建变得更好也没什么太大的意义。直到20世纪，仍然有少数人过着这样的生活，对他们来说，那些仪式化的冥想练习或虚无的自我超越概念显然没有什么特别的价值，他们是生活在当下的人群。

这本书将会阐释当今的社会基础是如何被侵蚀的。未来视野已经超出了人们的理解范围：我们正在制定跨越数十万年的核废料储存计划；正在给未出生的孩子开设储蓄账户；个体已成为带着家庭姓氏的"我"；个体们在分级教育系统中努力了十年或更长的时间，才能拥有相应的职业机会，这些机会涉及物质生活标准的各个层次，而这些层次最终会被用来评价个体的社会地位。文化和科技给我们带来无数的选择，同时也对我们的生活造成了很大的破坏，以至于最富有的人每天光在吃的方面就面临着200多种选择。我们需要理性地面对每一个决定，即使面对那些我们无法选择的决定也是如此：是选择独自生活、夫妻生活，还是选择一夫多妻关系；是要选择只有夫妻子女的核心小家庭，还是选择有很多家庭成员的大型混合家庭。选择自由的不断扩大也让我们更容易做出错误的决定，更容易导致失败，或增加陷入生活深渊的风险，进一步拉大赢家和输家之间的距离。

我描述的这个画面足够清晰，因为用来支撑本书的基础研究非常扎实，它们勾勒出了一个社会性的焦虑轮廓。许多受访者与我分享了他们的心路历程，从对无尽黑暗的担忧到令人羞耻的强迫性思维，这一切都为整幅画面涂上了色彩。如果这本书需要对文学领域许下一个伟大承诺的话，那就是：成为我们所有人的思想窗口，但只有那些最勇敢的人才会敞开心扉——这些勇敢的人才是真正的有功之人。

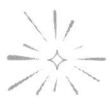

第一部分

我们生活在充斥着焦虑的社会

我陷入了一个怪圈,什么都做不了,也什么都得不到。

第 1 章

焦虑是怎样一种感受

其实，自杀应该是有史以来最早出现的社会学研究主题之一了。正是这个主题让我重返社会学领域，那可是我曾经获得博士学位的学科领域。当时我参与了一项学术研究中，最典型的研究材料便是一堆写着密密麻麻文字的纸片，那是只被少数学者阅读过的数百篇遗书复印件。在我阅读这些材料时，感觉就像当事人扒开了胸口的窗户，赤裸裸地邀请我看尽里面丑恶的人生百态。

事实上，如果自杀学（一门研究自杀和自杀预防的科学）能够在当今的每日报告中占据与国民经济学一样多的表达空间，那才合适。

一个多世纪前，法国社会学家埃米尔·涂尔干开创了自杀学研究的先河。他认为，个人的自杀动机无关紧要，科学比当事人更了解他们自己身上发生的事情。这个 19 世纪的想法长期存在，以至于久而久之研究者们甚至穿上了医袍：自杀的人都是精神病患者，他们自杀的动机则被完全忽略。

在这样的理论前提之上所做的研究是有问题的，它缺乏一扇可以了解人们内心并查明其中所有事情的窗口。一个关键的问题没有被回答：人们在自杀时的想法和感受究竟是什么样的？

2007年9月，我想清楚了一件事：没有什么值得我继续留恋这个世界了。于是我把自己所有的资产都变现了，并决定在花光钱的时候就结束自己的生命。而现在，我已经把它们花光了。

　　看着这样的纸条，我不禁想到了一个新的问题：这个人出生在世界上最富有的国家之一，到底是什么原因促使他迈出这一步的？这些原因是完全合理的吗？或者这些原因只是虚构的借口，用来掩饰那些隐藏在深处的泥沼？

　　我们都知道，在对自杀这件事进行研究时，要处理的不只是个体的偏差。几十年来，俄罗斯的自杀率比巴巴多斯高出20～60倍，这并非巧合。到底是什么事情、是什么样的社会因素，才足以解释那些导致人们轻生的绝望心情？

　　这是一个难以回答的问题，尤其是在如今的大背景之下：人们普遍认为，这是有史以来最好的时代了。在我们的认知中，生活在13世纪的欧洲人总是在与恶劣的生存环境做斗争，当时30%～50%的人口面临着诸如肺结核、天花、痢疾和腮腺炎等致命疾病的威胁。我们也很难想象，无论出身贫富，20%～30%的儿童会在短短几年内死去，那是一种什么样的景象。

　　再对比当今社会的现状，人们所承受的痛苦已经大大减少了，因此那些抱怨和绝望也更难被理解。欧洲现在的谋杀率是中世纪的1/40；即使是几个世纪前会导致饥荒的恶劣天气，现如今也影响不到我们的粮食生产了；世界粮食报告的数据显示，全世界超重的人口数量多于蒙受饥饿的人口数量；困扰人类数千年的天花，已经在全世界范围被打败，脊髓灰质炎也几乎被根除；儿童死亡率降低了80%，不再像以前那样让人担忧。

　　人类目前正在经历前所未有的经济技术发展浪潮，这一点怎么强调都不为过。在营养、技术设备、生存空间、温度和医疗保健等方面，即使是低收入者通常也比中世纪的国王过得更好。我们随身携带的智能手机尤其是一个奇迹，与登上月球的阿波罗 11 号中的计算机相比，其内存扩大了 700 万倍，处理器性能优越了 10 万倍。

所以，我们为什么还会觉得生活不如意呢？

幸福的脾气：为何越追求幸福越焦虑

许多人认为，幸福遵循不断递增的原则。他们倾向于将自己的幸福感或生活满意度与经济增长联系起来。现今世界上所有国家的生产能力和消费能力都越来越强，这是个好消息。在这样的前提下，我们只需确保经济的车轮转得越来越快，幸福感总体上就会不断提升。这可是令人心安的好消息，我们什么都不必担心，只需确保发展的脚步永不停歇。

但如果我们深入研究幸福这个课题，就会发现很多质疑这种观念的论据。当一个国家的经济超过一定水平时（与我们在 20 世纪 50 年代达到的水平相比），其经济增长与幸福人数之间的关联就开始变得越来越弱，甚至找不到任何规律的模式。像新加坡这样非常富有的国家拥有的幸福相对人数，并不比巴拿马这样的贫穷国家多；而芬兰作为中等富裕国家，人民的幸福感很容易胜过卢森堡和科威特这样的高富裕国家。

从历史上看，这种趋势在最富裕的国家中也最明显。在特定的研究时间段内，日本、美国和英国的经济增长翻了一番，而幸福水平的发展却停滞不前。美国从 20 世纪 70 年代初到今天的调查结果表明，人们对生活的满意度甚至略微下降了，虽然美国现在的富裕程度是那时的两倍。

幸福的测量方法也为各种不同的解释提供了空间。通常人们会使用一个 10 级的衡量表——坎特里尔量表（Cantril Ladder），0 级表示"你主观上最糟糕的生活"，10 级代表"你主观上最好的生活"，受访者们在 0 级到

10级之间进行选择。这些级别到底代表什么？比如，我们要如何理解"主观"这个术语的概念？

由此产生的意见分歧很大。很多研究都得出了一个令人惊讶的结论：在大多数国家，成为父母的人对自己的幸福感评价低于没有孩子的人，他们看上去对自己的生活不太满意，尤其是在养育孩子的时候。

继续深入地研究下去，就又会发现人们对同一件事的不同看法：当被问及是否感到自己的生活"充满意义"时，回答"是"的调查对象中，成为父母的人比没有孩子的人多得多。

"幸福"与"意义"之间的区别，为我们展示了更多看待人性的角度，进而促使我们去理解作为一个"幸福的"人意味着什么，去判断我们中的某些人是知足的还是不满的，是忧伤的还是快乐的，是幸福的还是不幸的。但还有一些事情值得我们思考："我们的生活是否有意义？我们是否拥有广阔的社会关系？是否以合乎道德的方式生活着？是否能够使世界变得更美好？"

当我们思考这些问题时，"世界总会变得越来越好"这个观点就很难立得住了。

尽管在过去 200 年里，经济和社会取得了前所未有的发展，但今天的年轻一代依然认为：自己正处于一个转折点。在当今社会背景下长大的人，觉得生活更糟糕了，尤其是在物质繁荣方面，他们对未来的信念正在减弱。无论在高收入还是低收入的国家中，大多数接受调查的人表示，现今社会中长大的孩子将会在经济上比他们的父母更差。在少数国家，比如法国和日本，只有 15% 的人相信孩子们的未来肯定会更好。在接受调查的国家中，即使去问年轻一代的人们（1982 年以后出生），大多数人也会认为，他们不仅经济状况更糟，幸福感也比父母那一代人更低。

目前，我们还无法判断这种对未来信心的转变意味着什么。过去，年轻一代的说法恰恰相反：我们不想像父母一样生活，我们要找到一种新的方式！

当学生运动的浪潮随着20世纪60年代的左翼运动席卷西方国家时，这种推翻父母一代的旧生活方式的思潮占据了主导。在巴黎，一些房子的外墙可以看到这样的文字："在一个毁灭了所有冒险的社会中，唯一剩下的冒险就是等待毁灭。"年轻人拒绝去过父母精心策划的生活，不愿和父母一样不得不夹杂在工作责任和家庭责任中间苦苦挣扎。

今天的情况则正好相反。被认为是自私和自恋的青年一代，反而担心父母精心策划的生活超出了自己的能力范围。

如果有人成功地进入了时代的仓鼠轮中，也不一定就意味着他们从此就认为自己属于大背景中的一分子了。当被问及自己的工作是否会对世界产生积极影响时，几乎一半受访者给出了否定的答案。至于另一个50年代以来经常出现在调查中的问题——"如果你赚到了足够多的钱，不必再回去工作，你会怎么做"，大约三分之二的被调查者回答说，他们会辞去现在的工作。

这些调查针对欧洲和北美地区的人群，但这种"缺乏意义"的现象在世界各地非常普遍。几年前，盖洛普民意调查机构进行了一项国际研究，调查人们对自己工作的看法。近13%的人选择"充满积极性"地从事自己的工作；63%的人选择了"没有积极性"，他们"关闭了精神之门"，只是为了获得一份薪水而去工作；另外24%的人选择在精神上"主动放松"了，他们不仅觉得工作令人不快，而且对雇主也怀有敌意。由此可见，大多数人只是为了生活而去适应工作，而讨厌工作的人数是喜欢上班的人数的两倍多。

与幸福感相比，生活的充实感有着相反的趋势：幸福感随着一个国家的经济增长而升高，而生活的充实感却随之降低。这个结果着实令人惊讶。

从来自132个国家的盖洛普调查数据来看，这种趋势同样明显：人均国民总收入越高的国家，认为生活充满意义的人数就越少。这并不意味着更高的国民总收入必然导致生活缺乏意义，但可以看出，工业主义以及商品服务的大规模生产并没有解决这个问题。

经济增长也不能阻止人们自杀。在这一点上我们也看到了同样的负相关模式，虽然这种模式并没有那么明显：一个国家越富裕，自杀率就越高。

不幸福的大众化：焦虑如何成为"流行病"

当我在瑞典的火车站看着来来往往的路人时就在想，他们每十个人里就有一个在过去一年中服用了抗抑郁药物。根据经济合作与发展组织（OECD）的评估，自2001年以来，服用抗抑郁药物的人数比例已增加了一倍。从瑞典国家健康福利委员会的数据来看，把所有服用抗焦虑药物以及其他精神类药品的人数加起来，这个比率就达到了六分之一。这些数字与其他西方国家类似，仅有一些细微的差别，例如，在美国有四分之一的中年妇女服用抗抑郁药。

为什么很多人不得不服用药物来解决心理问题？当我们提出这样的问题时，不妨改变焦点：不要去问人们过得有多好，而要问他们过得有多糟糕。这样的方式会有更多的好处。

"幸福的家庭都是相似的，不幸的家庭却各有各的不幸。"这是列夫·托尔斯泰在他的小说《安娜·卡列尼娜》中开篇的一句话。这句话也适用于描述其他的不幸福事件。我们可以把各种事件归为不同的类别，并逐一列出问题清单，从而使每个事件都更加具体。在世界上大部分地方，幸福生活等同于成功的生活。通过列举所有会使我们感受变糟糕的事情，可以防止我们拿他人的期望作为自己幸福生活的标准。

然而，我们想要进行的这个调查面临着一个问题：通常这一领域的研究都是在医学的基础上进行的，如果一个人感觉自己过得很糟糕，就会被视为病理性的状态。这个问题也导致了长期以来的争论：人类的焦虑在什么程度上才需要被医学化，需要进行医学治疗？

例如，害羞和社交恐惧症之间的界限在哪里？沮丧和抑郁症之间的界限在哪里？担心和普通焦虑症之间的界限又在哪里呢？

许多症状在过去被认为是正常的，现在却被视为疾病，尤其是临床特征和诊断标准的数量上都有了明显的增加。例如，在《美国精神障碍诊断与统计手册》（DSM）的最后一版中，原本被列在例外部分的"悲伤反应"不再被作为例外症状看待。在这一版之前，如果患者在过去两个月内失去了近亲，那么他的状况不能被当作抑郁症进行诊断；这一版之后，以前被认为是悲伤的症状现在则被归类为抑郁症。

当人们仅考虑接受精神病治疗的人数时，这种泛医学化的调查就很难得出正确结论。

随着医疗化范围的扩大，过度用药的问题也出现了。但是对过度医疗的批评也有可能带来掩盖实际情况和问题的风险。今天很多被开具精神类药物处方的人，在50年前很可能不会被推荐用药，但精神病药物消费的增加并不是只能用医疗化程度的加深来解释。服用精神类药物是因为患者自身状态确实不好，他们既不懒惰也未失信，只是在寻求帮助，精神类药物使用统计数据被用来衡量需要帮助的人数。

我们可以从世界各地开展的心理压力研究中获得大量诊断方面的经验数据，医学化不应成为忽视经验主义的理由。我认为诊断并不总是代表一个人患有疾病，但它确实表明这个人遭遇了心理问题——因为"具有临床特征的疾病"是所有精神类疾病的诊断标准。

当用不确定的依据进行诊断时，就会出现问题。《科学》杂志于1973年发表了美国心理学家戴维·罗森汉恩（David Rosenhan）的经典研究。他选送了12例"假病人"去不同的精神病急诊室，被招募者只收到了一条指令：他们要假装脑子里一直有个声音，并一遍遍地重复说着某些话。尽管这些参与者在其他方面都表现正常，但几乎所有人都被诊断患有精神分裂症，并被送往医院。在实验的另一个阶段，罗森汉与一家精神病诊所达成实验协议，在三个月内为其输送假病人。三个月后，根据医院的报告，共有193名患者被送来，并判断其中41人是可疑的假病人，23人为高概率的假病人。但事实上，罗森汉恩并没有将任何假病人送到那里。

罗森汉恩的研究遭到了激烈的抨击，但仍然引发了精神病学领域的危机，而且还导致了诊断指南后续版本的改革，其中的诊断标准被进行了更加精确的定义。但过度诊断和诊断不足的问题仍然存在，例如，内华达州有2%的儿童正在服用ADHD药物，而路易斯安那州服用该药物的儿童比例是其五倍还多，这在医学上并没有合理的解释。另外，某些地方的医生会比其他地方的医生更快地做出诊断。因此，精神病患者的数据不太适合用于评估某种临床症状的广泛程度。

为了衡量每个临床症状的实际涵盖情况，世界卫生组织制定了标准的诊断表格，并派出调查者对全球数十万份代表性样本进行调查。自1970年以来，这个调查又得到了进一步发展和完善，收集了数量庞大的问卷调查表。只是每一个调查都有可能耗费数小时，有时调查人员甚至需要多次采集信息。这个调查的目的是制定全球统一的精神健康评价标准。该调查现已成为世界卫生组织的世界心理健康调查计划的固定组成部分，并取得了惊人的成果。

1990年，抑郁症已成为全球第四大疾病，仅次于呼吸道疾病、腹泻和产前并发症。2000年，抑郁症成为全球第三大疾病，2010年成为全球第二大疾病。2017年世界卫生组织终于为此发布了急迫的警告。其实早在几年前该组织就已经发出相关警告，但最初它们低估了形势的严峻性，认为在2030年左右严峻形势应该会达到顶峰：世界上最常见的疾病不再是身体的疾病，而是抑郁症。但事实上，不到十年，全球患有抑郁症的人数就已增加了近20%。

再看看那些同一时期符合诊断标准的最常见的精神疾病就会发现，世界上最富裕的国家重症患者数量尤其惊人。如今，有四分之一的美国人患有常见的精神疾病，英国和澳大利亚的数字也高高居上，法国和加拿大的这一数据为五分之一。

鉴于以上数字，我很想重新问一下这个问题：什么才是真正的"正常"？如果四分之一的人口都患有某种形式的精神疾病，那我们是否可以得出一个结论：不健康状态也是相对正常的。

我们再来看看，在诊断标准的判断下，有多少人在自己的生活中已经经历了常见的抑郁症和焦虑症，这时"怎样才是正常的"这个问题就更突出了。从尼日利亚的12%到美国的47%，该数据也各不相同。在数据最高的国家中，几乎每两个居民就有一个经历过这些常见症状。

即使世界卫生组织注意到某些临床病例（包括抑郁症、焦虑症以及相关疾病）迅速增加，也不能忽视这样一个事实，即现有数据还不足以对更长时期内的全球发展做出总结。不过，某些国家已经对该疾病的历史发展趋势作出了总结，尤其是美国。早在1985年，美国的两项流行病学研究发现，在短短两代人的时间里美国人患抑郁症的风险增加了10倍。

多年以来，精神疾病诊断标准发生了各种变化，因此历史比较变得很困难。为解决这个问题，研究者可以从身体不适症状方面进行调查研究，例如失眠、头晕、气短、注意力不集中和头痛等，人们谈论这些身体症状的方式不会受到客观因素的太大影响。

美国心理学家简·M.腾格（Jean M.Twenge）就采用了这种方式，非常成功。她的研究表明，焦虑是现代社会中人们生活的正常组成部分。在对1952年至1993年间进行的269项研究进行比较时，她还发现，在北美20世纪90年代初期的儿童比20世纪50年代的儿童更容易患精神病学上的焦虑症，总体上症状也更严重。

腾格还发现，2010年前后，年轻人的幸福感迅速恶化。对此她给出了很多种解释。

例如，她指出现代的青少年非常谨慎，这在历史上前所未有，这一点与抑郁和焦虑的增加似乎刚好吻合。如今美国18岁的年轻人饮酒量仅为20世纪70年代中期青少年的一半左右，他们的一夜情次数也大幅减少，自1991年以来打架的高中生人数也减少了一半。与此同时，从2012年到2015年仅仅三年时间里，年轻男性患抑郁症的人数增加了21%，年轻女性患抑郁症的人数增加了50%。

这些数字引起了全世界的关注，许多研究都得出了以下的结论：目前美国精神疾病比较普遍，越来越多的人"因绝望而死"即因自杀、酒精或过量用药死亡，导致平均预期寿命连续几年下降。

在很长的历史时期里，瑞典也在密切关注儿童心理健康并收集精神病诊断数据。

在瑞典，儿童精神健康的情况也不乐观。致电瑞典社会儿童权利组织（Bris）热线并寻求帮助的儿童里，最常见的问题是心理压力问题。这是一个相对比较新的现象，但也反映在公共卫生局自1985年以来所收集的数据中。在瑞典，自调查开始以来就发现，11岁左右儿童的身心疾病[①]发病

[①] 此处的身心疾病指的是身心医学方面的疾病，是一个跨学科的医疗领域，研究社会、心理、行为因素对人类或动物的身体新陈代谢、生活品质的影响。——译者注

率急剧上升，在13岁到15岁的青少年中，发病率又翻了一番。大约百分之四十的15岁女孩表示，自己有严重的睡眠障碍、紧张和抑郁的症状。

这种发展趋势在高工资收入的国家都可以观察到。瑞典国家统计局对生活条件的年度研究显示，有恐惧、担心和焦虑等严重不适症状的年轻人的比例在过去十年翻了一番，其中女性人数是男性的两倍。

如果公开讨论这种发展趋势，那么主题几乎都会围绕着相关精神病治疗的需求展开。但是还有其他方面的因素需要考虑，例如，为何有这么多人在如此短的时间里精神状态恶化了。

用大脑中的化学失衡来解释这一点似乎并不合适，因为很多人都受到了影响，仅用大脑失衡无法解释这种普遍性，在此之前一定有某种影响因素出现了。遗传学上的因素也可能只存在于有限的范围，因为集体基因库的变化通常需要数千年的演化时间。目前流行的医学方法已经不足以解释人们心理健康恶化的原因，人们很少会从精神科医生那里听到这方面的讨论：为什么人类的心理健康状况会随着时间的推移而恶化。

仅用一个变量很难解释某种情况的改善或恶化，因此相关讨论变得更加困难，政府无法简单地通过提供更多的教育、更多的就业机会，甚至更广泛的民主来解决问题。就像前面提到的，认为工作和生活是否有意义与经济增长没什么明显的联系；如果非要有联系的话，那么较低的国民总收入与更高的幸福感相对应。

如果我们查看世界卫生组织关于最常见疾病的数据就会发现，在世界范围内有一个很清晰的模式：一个国家越富裕，符合各种诊断标准的居民比例就越大。对于广泛性焦虑症、恐慌症、广场恐惧症、创伤后应激障碍（PTSD）、滥用药物和精神病发作等疾病，高收入国家的发病频率是低收入国家的两倍多。

这种模式在全球疾病负担研究（Global Burden of Disease Study）中重

复出现，尽管这项年度研究使用不同的标准和方法来收集和分析数据。

再次强调，这并不一定意味着更高的收入会让我们不快乐；相反，在一个国家内部，那些收入最低的人似乎心理健康状况也最差。但如果综合看所有国家的物质生活水平，那么根据世界心理健康调查的结果，"18种精神疾病中的17种（分离焦虑为唯一的例外），在低收入国家和中低收入国家的流行率低于高收入国家。"

换句话说，全球发展中没有什么方面可以对心理健康问题产生制动效果，经济增长似乎并不能解决问题。

国家之间的差异表明，社会条件所起的作用比我们之前认为的还要大。今天，这一点已经不存在争议。在另一份世界卫生组织的报告中，研究情况总结如下："心理健康是社会创造的，心理健康的存在与否首先是一个社会指标。因此需要从社会和个人两方面采取措施，需要同时关注集体影响和个人影响两方面的效果。仅仅关注个人症状会导致'空壳的心理健康'，即将个人头脑中发生的事情与其所处社会结构和背景割裂开来。"

在2017年度世界卫生日期间，联合国官方声明中还指出，未来将继续强化精神疾病的医疗条件，但也特意强调"过去几十年过度医疗化和过度使用生物医学的干预措施"。临床经验表明："长期以来，用生物医学的传统治疗方法应对各种形式的社会心理压力和痛苦，会掩盖这样一个事实，即社会潜在变量对心理健康也非常重要。"

这些社会潜在变量是什么？社会科学家们在仅有的少数几个领域里苦苦摸索。

遗书：当焦虑走向极端

总的来说，仅仅因为个人状态变坏而自杀的人很少，这部分人所占的比例到底是增加了还是减少了，即使长期观察也很难确定。有一些研究表明，在 20 世纪下半叶，全球自杀率有所上升，但在世界大部分地区近几年来自杀率都已经下降了。而有一些趋势更令人担忧，其中最突出的是，越来越多的男性在自杀前会伤害他人（尤其是在美国，滥杀无辜行为正在以惊人的速度增多），而 70 年前，这一现象少到几乎不为人知。

目前，每年约有 100 万人自杀。自杀已成为世界第十四大死因——比战争和其他形式的外部暴力造成的死亡更常见。也就是说，与被其他人杀死相比，一个人更有可能死在自己手上。

据估计，每一个自杀行为背后都会有 20 个自杀企图——几乎每两秒左右就有人企图自杀。想想那些曾经企图自杀的人，你会对这本书前面所讲述的"隐匿的苦难世界"有更深刻的印象。

约翰·奇利斯（John Chiles）和柯克·D. 斯特罗沙尔（Kirk D. Strosahl）两位心理学学者针对这个问题进行了大量研究，做了大量数据收集。他们在美国进行了一项人口研究，其中 10%～12% 的受访者表示他们至少尝试过一次自杀。在另一项调查中，20% 的人表示他们有过严重的自杀念头（这种念头持续了至少两周，包括制订计划、确定方法）；另有 20% 的人表示他们曾认真考虑过自杀，但没有具体计划。

20% 加 20%，这个数字接近一半。并非所有自杀的人都留了遗书（留遗书的比例约为三分之一），因此遗书是否可以帮助我们更好地了解自杀现象，在相关的研究领域中是存在争议的。也许那些留下遗书的人和没有留下遗书的人，其遭遇的情况是不同的。除了一个事实，即留下遗书的人更有可能是独自生活的人，其他方面的差异并不明显。

在该领域中最全面的一个研究是美国俄亥俄州的科学家们收集了 1280 封自杀者的遗书。由于打字错误、字迹模糊、血迹斑斑及书写者精神错乱，其中一些字母几乎无法辨认，比如有一个人喝了大约 1.5 升伏特加酒，他的遗书就写得越来越语无伦次，直到突然在一个句子的中间结束。研究小组根据信息的类型、自杀的动机和遗书的主题对它们进行了转录和分类。

很明显，对于大多数写下遗书的人来说，对活着的人表达他们的爱比表达他们自杀的动机更重要。在这些遗书中最常见的信息是"对他人的爱"——超过四分之三的信件都是这样的。

一位小时候遭受性虐待的妇女写信给她的丈夫："你对我的爱是如此奇妙，如此美好。然而，我最终也无法爱自己。"

请求原谅也是写告别信的常见原因。一个酒鬼写道："抱歉。我知道这样说已经没有必要，但我还是想道歉，对不起，我没有成为更好的人。"

对许多人来说，强调不能责怪身后人也是很重要的。一位女士写道："请你们每个人都要明白，这不是你的错！！！我也知道我是被爱着的。你们都在我身边，可能我需要的太多，超出了我对任何一个人的期望。我真诚地爱你们所有人。"

还有一些人表达了对他们身边人的内疚，例如一位30岁的男士写道："我不能让妈妈和你对所有事情负责，每个人只有25%的责任，剩下的50%是我的错。"

只有13%像下面这个人一样提出了指控，有一些遗书比这个指控还更加清晰具体。一位女士为自己写了讣告，并指示要将它原封不动地公开，在姓名、出生日期和死亡日期下方有这样一段话："我现在要离开地狱，与上帝同在。我要感谢我的家人帮助一个有着虚弱身心的人走到这一步。你们拿了那么多，给的那么少。我向你们所有人求助，可是你们去哪儿了？"

然而，只有4%的人表达了愤怒。其中最愤怒的一封遗书是一位中年护士写的，一天下午她在车库里上吊了："我希望我多年以前就离开了你……我告诉过你我想死。现在我找到了合适的地方，合适的机会。祝贺你的生日……不要把它转移到孩子身上……我想你现在终于可以振作起来了，停止饮酒和吸食大麻，停止做这样的失败者。你去找个工作。试着正常地生活——我多希望，我做过……"

如果我们仔细看看这些信，可以发现一个常见的自杀动机，那就是"人际关系问题"，这是仅次于"患精神疾病"的第二大主题。有个事实也证明了这一点，即12%的自杀者在他人面前自杀，有时甚至没有预示，比如在争论中使用枪支。与上面的引文相反，关于人际关系的遗书几乎全是关于失败的爱情。一位上吊自杀的40岁男子写信给妻子："我欺骗了你；这样做让我无法再面对镜子中的自己。我没有承担好照顾你的责任——我非常抱歉。"

另一位男士写信给他的女朋友："我简直不能相信我对你做的事情，对任何其他人我都做不出来。我真的很抱歉，这不是我能做出来的事情。因此我无法再活下去了。因为我知道，我永远都不应该伤害你，但我却伤害你了。"

在生活中感到失败在这些遗书中占据了17%的主题。一名22岁的男子从治疗师那里收到了一份反自杀协议，但他却在协议的背面写道："我什么都不是……我一生都感到失败。没有任何出众的地方。一无所长。毫无成就。也不是一个好的朋友。我是个利己主义者。没有人关心我，当别人尝试关心我时，他们的重点似乎仍然专注于他们自己。我是这样对待别人的，所以我也应该被这样对待吧。我为什么要继续这样下去恶心自己呢？我恨我自己。妈的，无所谓了，我要走了。"

除了失败的感觉，遗书中还出现了其他情绪：疲惫（12%）、孤独（1%）、悲伤（9%）、内疚（7%）和羞耻（5%）。

有趣的是，在这些遗书中唯一没有找到的动机是涂尔干所谓的主要类别之一，即"利他自杀"——把死亡当成一项光荣的任务。如果涂尔干多关注一下人们的真实想法，而不是只去猜测那些无意识的动机，他的自杀理论可能会有所不同。

无形的枷锁：焦虑如何操控我们的思维

我在写本书之前，曾引用大卫·福斯特·华莱士（David Foster Wallace）的一句话，是关于这样的一个问题的：为什么几乎所有开枪自杀的人都是用枪对着自己的头。老一套的说法"必须"都是真的，所以华莱士说：思想是一个好仆人，但是一个坏主人，我们瞄准头脑，是因为我们想摆脱思想的控制。

这个结论有问题，原因有两个。一个原因是，华莱士写作的背景是枪支泛滥的美国。从全球角度来看，用枪支自杀并不常见，在欧洲这个比例只有百分之几，而世界上最常见的自杀方法是上吊——在一些国家，尤其是在东欧，占到了所有自杀案例的90%。

与之相反，在美国只有大约15%（包括华莱士自己）的自杀是上吊自杀的，大多数自杀者是使用枪支自杀。但不幸的是，有三项研究都证实华莱士的说法在这一点上是正确的：大多数开枪自杀的人，准确地说大约80%的人是瞄准头部的。

另一个原因是华莱士的结论也没有考虑到的：除了试图摆脱思想的控制之外，自杀者将枪指向头部很有可能是因为指向头部是最有效的方法。

尽管有一些反对论点，但华莱士的直觉没准是正确的，因为这方面最有力的证据可以在自杀式炸弹袭击者身上找到："我没有更多的力量去战斗，我的脑子里有太多东西了。"

在诸多遗书中，如果某件事是非常清晰地作为压倒一切的主题出现，那就是摆脱"头脑中的痛苦""头脑中的垃圾""头脑中的声音"，等等。对"内心平静"的渴望是一个最重要的主题，平均每两封遗书中就有一封是表达这个主题的。

让思考停止的愿望非常强烈。在这封信中也能感受到："我只是讨厌我自己——我所有的悲伤、暴躁、奇异、空洞。这就是为什么我不想再活下去了。我只想停止这些想法——我必须！这对我来说有点像安乐死，人们也会射杀马令其安乐死，不是吗？……我的想法太令人无法承受，我只能想办法摆脱它们。"

那些缠绕在头脑中的问题是多方面的。在一个人的描述中，甚至连性的念头都最终变得让他难以忍受："这是我日常生活中唯一不变的事，我一直在想它。你能相信一个男人几乎每分钟都想着性吗？所以我想通过自杀来结束自己的生命。"

这封信令人震惊的地方在于，这些想法是如何逐渐演变成担忧，再进一步恶化，最终导致可怕的轻生念头的。如果可以简单地将所有问题拒之门外，不去面对，问题将仍然存在，只不过转化为个人能否独自忍受这些担忧（包括孤独、失败、内疚或悲伤）。

一位与妻子离婚后独居的男子，在遗书中详细描述了这一过程。他刚刚失去了工作，陷入财务困境，因此无法支付前妻和女儿的抚养费。这深深地打击了他，他好几天都睡不着觉。一天晚上，他决定结束自己的生命。

他在信中谈到了自己的担忧。这些问题一个接一个地钻进他的大脑，导致他被困在一个无法停歇的思想旋转木马里，并将这些问题都添加到他的担忧清单中。

> 我接受了药物治疗，所以我的身体没问题。但服用药物改变不了我付不出租金的事实。
>
> 我无法为辛迪提供合理的经济支持，那是我应该履行的基本义务。
>
> 我无法支付修补公寓破洞的费用，虽然公寓已经很不像样了。
>
> 我买不起像样的汽车。
>
> 我无法拥有正常的社交生活。
>
> 我无法给任何一个女人承诺，因为我无法就自己的生活条件给出一个对方可以接受的解释。
>
> 我无法成为一段正确的关系中有价值的合作伙伴。
>
> 我甚至无法在晚上睡着，这意味着……
>
> 我无法摆脱那些在脑海中不断来回跳动的、令人难以忍受的想法。
>
> 我无法控制头脑里的思想旋转木马。

这些问题里，没有哪个严重到值得他决心自杀。不能支付租金、不能承受正常的社会生活，这些无疑是沉重的负担，但这些事实并不代表一切，许多人在类似情况下也没有自杀。导致他轻生的关键点，不仅仅在于这些问题本身，更在于由这些问题所产生的想法——他觉得自己的生命缺乏价值。

与此同时，这些问题也都有很大的不确定性——在脑海中不停地来回跳跃。华莱士如此惧怕这种被思想主宰的感觉，他似乎别无选择。也许，这就是我们要格外注意这些想法的原因：有时它们看起来很单调，但因为不断重复出现，就很容易往严重化的状态发展。唯一可以给出的提醒是，我们应该仔细权衡，并与思想痕迹建立联结，摸清这个痕迹的发展轨迹：从哪里发生的？是什么？会发展到哪里去？可能会怎么样？从而去解决这些问题，挑战头脑中的思想。这才是我们应该做的事情。

第 2 章
焦虑是如何得势的

"你，什么都不是，我一点也不在乎。我知道自己做了什么，人们爱怎么想就怎么想吧。我不在乎！"

狗跑道外侧有一个长凳。时常有一个女人坐在那里自言自语，很早之前我就注意到她了。说实话，我已经偷听过好几次了，我站在能听到的范围里假装在查看手机。

"我说过，去找你的真爱吧。可是她跑了。真是的……我不想哭了。有必要哭吗？而他呢，他觉得自己陷入了麻烦中，但他知道我经历了什么吗？即使他们用枪指着我，我也无能为力。当人无能为力时，连生气都不会了。"

我之前就注意到，她的喃喃自语中有一个"你"。当时我以为她处于幻觉中，想象附近有人，现在我又重复听了几次，就不确定这一点了。

她只是在表达自己的想法吗？

如果我必须把自己的想法变成文字时，听起来跟她可能不会有太大不同，也会如此语无伦次。我大概也会轮番使用侮辱、偏见、控诉他人、焦虑和失去的表达方式，放肆地控诉着世界的本质。也许在我的各种控诉中会出现一个无形的对象"你"，当对着"你"说话时，有时是对别人说的，有时是对我自己说的。

"当然,爱才是最重要的。我不知道她会不会回来。你谈论爱情。我希望得到爱,肉体的爱!"

她用双臂环抱住自己,身体前倾。前几天我听到的大多是绝望和愤怒,有时她似乎对我们这些路人也感到非常生气。从她的背、头发和手判断,她应该是一个职业女性。她的身体已经很虚弱,不得不依靠拐杖行走。近半年来,我经常从她身边走过,但从未见过她和其他人坐在一起。

"我没有大声地说出来。你究竟在这里做什么?我说了这些话会怎样?我应该这样做。你究竟在这里做什么?还有,我在这里做什么?"

在她发现我之前,我必须假装打几次电话。

"对不起!对不起!"

她沉默了。然后,一双敏锐的眼睛转向我。

"我想问你一件事,"我隔着栅栏说,"你为什么要大声地思考?"

"怎么,打扰到你了吗?"

"不,不。我只是想知道。你知道你这样做了吗?

"是的,当然,"她说,与之前的警觉相比,她开始变得担心,"你觉得我有点,嗯,奇怪吗?普拉姆?"

"你的话听起来并不奇怪。所以,你会说出来,这很正常。"

一架飞机在我们头顶呼啸而过。隆隆声和一阵越来越响的机鸣声划破了温暖的早晨。我们看着天空。

"我有一个朋友总是唠叨。真的无时无刻不在唠叨'你不能大声点吗?'他的听力已经不好了。每次见面我都得大声叫他。我对着他大声

37

叫，他也对着我大声叫。一整天都这样。"

我在她旁边的长凳上坐下。

"这就是你大声思考的原因？"

"不。实际上，我甚至不知道自己为什么要这样做。"

她露出牙齿笑了，牙齿状态表明她所处的社会阶层还不错，毕竟并非人人都能享受到良好的牙科护理。

"如你所见，我一直在喝酒。但并不多，只是一杯酒。你觉得很多吗？一杯就够了。否则的话，我就会安静得像一只小老鼠。我开车进城买需要的东西，然后开车回家，所以我完全正常。或者，我并不正常。我喝酒。不正常，当人喝酒时行为就不正常。其实，我不擅长聊天。我只想要一瓶红酒。您来自哪里？"

我告诉她自己正在写一本关于焦虑的书，她与我分享了自己对这个主题的看法。她说她在精神病学领域工作了一段时间，年轻的时候也对社会学产生过一点兴趣。现在她退休了。

在我们谈话时，我觉得她和其他人一样，能够认真地倾听。虽然她喜欢比较长的阐述，但也能轻松从一个主题切换到另一个主题。令我惊讶的是，她能非常专注地观察自己的生活，关注自己的想法，也关注别人对她的看法。

"你想感受一下我的手的温度吗？是不是暖和的？"

我伸出手，触碰了她的手。

"很温暖。"我说。

"等等。现在，现在。"她还握着我的手，"在其他国家，人们可以这样互相触摸而不会想到性。什么都不要想，只是简单地感受抚摸。但我们瑞典人无法应对，一点也应对不了！你看，对我来说你的手不性感，你的身体也是如此。我没有看到你的身体。你明白吗？人们只需要相信这或那……当你像我一样坐在这里观察人们……他们中的一些人看起来真的很疲惫，但这不是他们自己选择的。使人崩溃的是孤独。你不这样认为吗？"

头脑的喧嚣：为何我们习惯于胡思乱想

去找出偏离常态背后的原因，是社会学研究的基本方法论之一，这些偏离不必很大。在公园长椅或地铁上自言自语的人可能会显得脾气暴躁、以自我为中心、精神错乱。但如果我们都大声说出自己真实的想法，听起来会是怎样的呢？我们会听到什么？有两件事我们现在已经可以确定：

- 平静的状态是很少的；
- 最显而易见的是，我们会听到担忧的声音。

当我们谈论"担忧"时，总会依照常规的标准将其定义为"对未知将来的一系列焦虑，通常来自'如果……会怎样'的问题"。但是，该定义还可以被更加准确地表达。

从现象学的角度来看我们的想法，当它呈现在我们面前时，是一个持续的过程。从"有一个想法"这句话开始，我们便开始进行转化，将"我产生了一个想法"转化为"我对这个想法的思考"，通过动态的过程将其替换。

我自己在这本书中也重复犯了这种抽象化的失误。当谈到"害怕""担心"或"如果……会怎样"的问题时，我们实际上正在经历"动态思想"的过程，我们可以以为这个过程命名，却总会忘记这其实是个动态过程。

很明显，担忧是个动态的过程。这个动态变化过程时而会加速，但总是绕着某个特定的中心目标移动，通过这种思想的运动来获得确定性。从这一点可以看出担忧和害怕之间的一个重要区别：担忧总是旨在自我消解。

语言上的差异也很明显。我们感到害怕是一种状态，而我们担心什么事情是一种过程。例如，我们不担心蜘蛛，我们害怕它。当我们害怕某事时，我们会提防它，我们往往不会质疑这种害怕是否正确，害怕是一种相对来说不具备思考性的情绪。当我们担心时，我们总是会思考，这种担忧是否有必要、是否正确，并且为了搞清楚这一点，我们总会在脑海中进行不同事件的关联分析。

当我担心"如果我忘记关火会怎样"时，它并不止于该担忧本身。我们会努力回忆更多的情况，进而延伸出"如果……会怎样"的问题，脑海中所有这些问题都源于电炉：如果面板被烧红了怎么办？但是我关掉了。万一没关呢？这很重要吗？当然重要，万一它开始燃烧怎么办？但仅仅面板烧红了并不意味着炉子肯定会自燃。是的，但如果真的发生了，如果房子着火并且威胁到邻居的生命怎么办？

这种思维方式存在不真实性，思考总是与现实脱节。想一想橙子或树这样真实存在的具体事物，也许你从来不会直接想到它们所有的构成元素，但这正是思考的特征：思考不必局限于存在的对象和属性，我们也可以想到不存在的事物，想到应该存在但尚不存在的事物，想到也许永远不会存在的事物。

"如果……会怎样"是想象不存在的事物。在认知研究中，这称为反事实思维。

即使炉子没有开，我们也可以想象如果它开着会发生什么；即使炉子没有自燃，我们也可以想象如果它点燃了会发生什么。我们所想的不是关于世界的事实，而是反事实的假设。我们不考虑它当下是什么（现在），而是考虑之前可能是什么（过去）以及未来可能是什么（将来）。

因此，在学术上，我们可以将担忧描述为由不适引发的反事实思维。

在过去这些年里，许多研究都着眼于反事实思维，调查了那些对我们来说"不存在的东西"，其思维模式是否有固定的套路？答案是肯定的。早在 1982 年，认知科学家丹尼尔·卡尼曼（Daniel Kahneman）和阿莫斯·特沃斯基（Amos Tversky）就发现，发生可能性高的事情，与不太可能发生的事情相比，更容易触发我们的假设性想象。比如，错过了几分钟前的飞机会比错过半小时前的飞机更让我们懊恼。

除此之外，例外的情况比规律性的情况更容易触发我们的假设性想象。我们在去机场的路上，由于爆胎所引发的误机比通常的晚高峰所引发的误机更让我们生气。这种事后的设想总是关于不存在的事情的，但它也总是出于对现实主义的追求。

尽管反事实假设具有不真实性，但却会真实地影响我们的生活。如果没有反事实思考的能力，我们的许多情绪也都不会出现了。

例如，悔恨的感受超出了我们所定义的"情绪"范畴：它是一种带有身体感觉的反应性心理状态，例如心跳加速、呼吸急促或流泪等。另外，悔恨还包括在事件过后的思考：这个世界现在是怎样的，本来可能是怎样的——"如果我采取了不同的行动，它现在会怎样？"在英语中，助动词 could（可能）、would（会）、should（应该）就被用来描述这些本来可能、会、应该做但实际上又没有做的事。尽管这些假设的事根本不存在，但悔恨带来的感受却是真实的。

与事实性假设及其他类型的假设比起来，反事实性假设的世界里既包含内疚、想念、愤慨等感觉，也包含宽慰、希望和期待等积极的情绪。它们与思考总是紧密联系在一起，因此区分感受和思考也很困难。

反事实性假设是一项技能，没有它我们就无法解释基本的人类进程。但是我们陷入反事实世界的深度已经发生了变化，人类越来越关注那些不存在的东西。当一个人的想法越多地聚焦于不存在的世界时，他也就越会忽略实际存在的东西。

心灵的疲惫：想得过多就会付出情感代价

在20世纪30年代苏联工业化快速发展期间，俄罗斯心理学家亚历山大·鲁利亚（Alexander Romanovich Luria，1902—1977）研究了新时代会如何影响人们的思考。

像他的老师列夫·维果茨基（Lev Vygotsky，1896—1934）一样，鲁利亚也批评了当时盛行的观点，即伊万·巴甫洛夫的经典条件反射理论——刺激会机械地引发人的反应。巴甫洛夫在实验中发现，每一次给狗喂食之前都先敲铃，过了一段时间后，狗一听到铃的声音，就会分泌唾液。鲁利亚确信，对于人类来说，在刺激和反应之间一定还隔着别的东西：思想。

但与欧洲那些著名的现象学家不同，鲁利亚认为，在不同的社会背景下，所有人的思维模式不见得都一样。社会历史因素——无论你是生活在工业社会还是农业社会，实际上都会对此产生影响。

为了对此进行调查，鲁利亚和一群苏联科学家在乌兹别克斯坦和中国的偏远山村进行了一系列认知实验，那些地方的生活条件依然处于前现代化状态，大多数是封建的、父权制的。许多参与研究的人既没有上过学，也没有阅读能力。

鲁利亚像人类学家一样进行这项实验：他先与村民建立联系和友谊。在与农民的交谈中，他试图引导他们玩一个小小的心理游戏，这个游戏需要用到反事实思维。参与者面对两个虚构的前提，需要从中得出合乎逻辑的结论，这个心理游戏就是我们熟知的三段论。

例如，鲁利亚使用的一个三段论是："遥远的北方，有雪的地方，所有的熊都是白色的。新地岛位于最北端，那里的熊是什么颜色的？"

在与47岁的农民罗斯坦交谈时，情况如下。

罗斯坦："去问经常去那里的很有经验的人吧，他们肯定能回答这个问题。"

鲁利亚："但是根据我说的前提，你能回答这个问题吗？"

罗斯坦："一个经常旅行、去过寒冷国家、见识很广的人可以回答，他们会知道熊是什么颜色的。"

鲁利亚："嗯，在北方，在西伯利亚，总是下雪。我刚才说了'有雪的地方，所有的熊都是白色的'。那么西伯利亚有哪种熊？"

罗斯坦："我从未去过西伯利亚。去年去世的塔吉拜阿卡去过那里。他说那里有白熊，但没说是什么种类。"

鲁利亚发现很难让农民做这种心理游戏。他的批评者后来怀疑，这可能是因为农民对一个沉迷于书籍的城市居民的思考不太感兴趣。然而，从他们的回答中可以看出一种模式。比如，下面这段是鲁利亚与来自中国喀什某个村庄的37岁男子阿卜杜拉赫姆的对话。

鲁利亚："棉花只生长在温暖干燥的地方。英国又冷又湿。那里能种棉花吗？"

阿卜杜拉赫姆："我不知道。"

鲁利亚："考虑一下。"

阿卜杜拉赫姆："我目前只去过喀什，其他的我一无所知。"

鲁利亚："但是根据我所说的前提，那里可以种植棉花吗？"

阿卜杜拉赫姆："如果土壤好，棉花就可以在那里生长。但如果土壤潮湿贫瘠，棉花就不会茁壮成长。如果它像喀什那里的环境一样，棉花就会在那里生长。当然了，还要那里的土地松软才行。"

鲁利亚："棉花只生长在温暖干燥的地方。英国又冷又湿。那里能种棉花吗？你从我的话中得出了什么结论？"

阿卜杜拉赫姆："如果那里很冷，棉花就不会在那里生长；如果那里土壤又好又松软，棉花就会生长。"

一方面，农民不习惯这种在德国每个小学生都知道的思维游戏；另一方面，这些回答还呈现了以下的模式：农民在面对一个自己不了解但是绝对是真理的事实时，仍然倾向于**坚持自己的经验**。

尤其是上面那个与棉花有关的三段论，涉及他们熟悉的话题，忽略自己的经验而支持与经验相反的事实，会让他们觉得很不适应。与鲁利亚交谈的农民里，大约60%的人可以解答三段论中与他们自己的经验和认知有关的问题，但即便如此，他们也很少将自己限制在给定的前提上。和40岁的农民卡姆拉克一样，他们根据自己学到的东西来思考自己的答案。

鲁利亚："棉花只生长在温暖干燥的地方。英国又冷又湿。那里能种棉花吗？"

卡姆拉克："……"

鲁利亚："棉花可以在寒冷潮湿的地方生长吗？"

卡姆拉克："不，当地球又湿又冷时，这是不可能的。"

鲁利亚："嗯，英国又湿又冷。那里能种棉花吗？"

卡姆拉克："这里也很冷。"

鲁利亚："但是那里总是又冷又湿。那里能种棉花吗？"

卡姆拉克："我，我不知道……我不知道那里的天气怎么样！"

鲁利亚："棉花不会在寒冷的地方生长，而且在英国很冷。在那里能不能种棉花？"

卡姆拉克："我不知道……天气冷的时候棉花不会生长，天气暖和的时候它会生长。根据你的说法，我认为棉花不会在那里生长。但我必须得先知道，那里的春天和夜晚的情况是怎样的。"

如果三段论与农民的经验无关，比如关于白熊的问题，那么只有15%的人回答正确。鲁利亚发现，在没有上过学的、缺乏阅读的人群中，这些实验也产生了类似的结果；而那些起码上过一小段学，并学会了阅读的人，无一例外，都能正确地回答。

鲁利亚的发现非常有意义。显而易见，在工业化社会中，人们的阅读能力和抽象思维能力都得到了极大的发展，这就造成了人们的反事实思维也越来越多。儿童不会仅仅依靠感官体验作为主要的信息来源，而是很早就开始学习那些合乎逻辑的结论。这些将促进人们的想象力和自我反省能力的发展，人们应该会由此变得更自由，更少受周围环境的束缚。

鲁利亚的结论也很有意义。有研究表明，工业化国家中的人们在思考问题时，反事实思维甚至占据了主导地位。我们对不真实世界的思考多得令人惊讶。那么，是否如鲁利亚希望的那样，我们的思考变得更自由了呢？

从哲学的角度来看，我们能够思考平行宇宙、虚数和独角兽等虚拟的事物，这很有趣。但是，这些想法会在我们刷牙时，或在街上赶时间奔跑时浮现在脑海中吗？

我们了解人们的思维模式吗？这绝对是个重大的问题。对此科学家们已经展开了许多研究，不同的研究方法之间的争论也持续了几十年。我们的想法从外面看不到，因此没那么容易被衡量，有时我们对自己的想法都不甚了解。如果你去问一个人他通常都在想什么，得到的答案往往是误导性的。大多数人对自己的想法思考得不够深入，也无法跳出来客观地看待自己的想法，因此无法在事后进行正确的总结。

这个问题可以通过经验整合来解决，包括每天多次不定时向一组研究参与者发送信息，要求他们写下当时的即刻想法。快速记录当下的想法，可以缩小"认为自己想了什么"和"实际自己想了什么"两者之间的差异。

感谢先进的计算机信息技术，该方法已经得到改进并变得更加有效。计算机信息技术使得人们能够尽可能详细地及时记录日常生活中产生的想法，至少进行该项研究的西方国家都是如此。这样也可以防止我们的思想世界被神正论问题或宇宙的无限性所限制。

我们主要是向前和向后思考。在研究中可以清楚地观察到，我们很少有想法是关注此时此地的，尤其是在做白日梦和反思的时候。大多数时候我们在做反事实思考，通常我们专注于不存在的东西，其中更被关注的是目前尚不存在的东西，即未来，希望和期待等积极的思想也是面向未来的。一项研究发现，关于未来的想法出现的频率大约是关于过去的想法的两倍。

我们首先想到的是自己。当我们联想到未来或过去，大多数时候并不会关心冰川融化或三十年战争，所有的想法都会围绕着"我"这个中心。即使我们觉得自己的思考是利他主义的，其重点仍然是自我：想到我们的孩子、我们的朋友、我们的宠物、我们的父母。当我们担忧时，也大多不是关于全球变暖或右翼民族主义政府的浪潮，尽管这些事态的发展可能会对我们产生影响。担忧的范围似乎更加狭窄，多与个人的责任和决定有关。

在个人世界中，人们究竟会担心什么，取决于年龄等因素。根据英国的一项研究，人们在成年初期的大部分担忧都与自己的财务状况和工作有关，但这类担忧往往会在 40 岁左右消退。而对人际关系的担忧则会贯穿一生，我们担心别人会怎样，别人怎么看待自己，自己又应该怎么看待别人。

随着年龄的增长，情况并不会好转。老年人似乎和年轻人一样担心他们的人际关系，如同前面描述的那个坐在长椅上"大声思考"的女人。如果我们在人际关系上能更好一些，就不会再有什么关于钱和工作的烦恼了。对他人看法的忌惮、对被抛弃的恐惧和对爱的渴望将永远伴随我们。

我们会进行更多的反事实思考，比进行对自己有益的思考还多。发表在《科学》杂志上的一项规模更大的研究，收集了83个国家的5000个人的相关经验，共250 000个数据。参与者被要求在一天中的不同时间回答以下问题：正在做什么、感觉怎么样、是否在做白日梦。白日梦意味着我们会想象一些不可能在此时此地发生的事情，用科学术语来说就是"与任务无关的思维"。大约一半被调查者属于这种状况，至于人们当时正在做什么，对此结果几乎没有影响，唯一能明显阻止这种白日梦的活动是性。

这项研究中最令人惊讶的结果是参与者做白日梦时的感受。例如，他们正在做的事情对他们的快乐程度几乎没有影响；但做白日梦最能给自己带来幸福的体验，而且正在做白日梦的时候感觉更快乐。许多研究结果显示出另一种相关性：精神上的存在甚至会带来更加快乐的体验，不论这些想法有多么情绪化，都是如此。即使一个人本身就是乐天派，头脑中充满了积极愉快的想法，也没有正在进行白日梦时所体验到的幸福感更强烈。

科学家由此得出结论："人如果思考得过多，就不会太快乐。对没有发生的事情的思考能力是一种认知成就，人们为此付出了情感上的代价。"

其他一些小型研究也得出了同样的结论。例如，对人际关系、金钱和工作的担忧与那些被诊断出的心理健康问题密切相关。爱做白日梦的人，尤其那些总是沉浸在生动的白日梦中的人，与其他人相比通常对自己的现实生活更不满意。当然这类人也有其优点，爱做白日梦的孩子更有想象力和自我控制力，不过白日梦带给他们的负面影响也往往更糟。

恶性循环的陷阱：越害怕焦虑越焦虑

心理学家鲁利亚这时可能想要插话了，他认为重大的社会变化总是伴随着擦伤，但随着时间的推移，人们慢慢适应了工业社会，并逐渐感到舒适。不过，到目前为止效果尚不佳。也许只聚焦于如何摆脱让我们烦恼的想法，并用更"积极"的想法取而代之，这样的方法有点太简单粗暴了。

目前市场上的英文书籍，标题中含有"停止焦虑"字眼的多达数百种，引导人们"积极地思考"的书也几乎同样多，而且"不必焦虑"这个字眼在谷歌图书英文版中的使用率达到了 19 世纪以来的最高水平。我们这个时代的终极智慧似乎变成了：如果你担心自己会担心，那么请停止担心。

连孩子都知道这样的建议是没用的。在托尔斯泰的回忆录中就能找到一个很好的例子。他的弟弟尼古拉伊在很小的时候就提出了这点：人们没有办法不去想某种固有的想法。

尼古拉伊对三个兄弟说，有一个秘密，一旦它被发现，就会驱散人们心中的恶魔，只带来美好的东西，并会为他们建立一个"蚂蚁兄弟联盟"。兄弟们在玩游戏的过程中，经常被拉回到这个想法上，托尔斯泰绝对相信这个秘密的存在。他们可以在椅子的布套下面虔诚地安静好几个小时，等待着秘密被揭开。托尔斯泰后来回忆说，那时一想到蚂蚁兄弟的理想，和即将到来的一切美好，他都会感动得落泪。他非常想知道这个神奇的秘密是什么，但尼古拉伊只是说，它被刻在一根绿色的法杖上，并埋在离他们家不远的沟壑边。

于是小兄弟们决定组织一次寻找法杖的"探险"。尼古拉伊想出了一个点子，只有通过这个测验的人才能参加"探险"：站在一个角落里，心中不能想到北极熊。

托尔斯泰非常虔诚地想要完成这项任务，但无论他怎么努力，都无法避免去想北极熊。他一站在角落里，北极熊就出现在了他的脑海中。托尔斯泰一生都记得这件事，绿色法杖的事情对他的影响如此之深，以至于他在去世前不久，还吩咐人们要将他葬在尼古拉伊说的埋藏法杖的地方。

托尔斯泰在晚年的回忆录中写道：直到今天，尼古拉伊的绿色手杖仍然等待着人们去发现，一想到这个，他心中的北极熊又复活了。1863年，他与同时代的费奥多尔·陀思妥耶夫斯基对一个问题进行了深思：在不期望别人回报的情况下去帮对方一个忙是多么困难。他写道，这就像试图不去想北极熊。如果你给自己设定了不去想北极熊的任务，你就不可能不去想它。

在一小段时间里，北极熊理论在思想史上进入了冬眠。精神分析法在精神病治疗领域掀起一场变革，其重点为如何清除心中的某些想法。早期的精神分析师能够说服他们同时代的人清除某些想法，这是非常了不起的。这种方法看上去很不错：它能够轻松地压制人们的某些想法，而且这些被压制的想法往往是最令人不快的。尽管想要摆脱那些如悲伤、尴尬、恐惧、伤害之类"最糟糕"的想法无比困难，但西格蒙德·弗洛伊德的"潜意识心理防御机制"理论逐渐兴起，而且它应该还会持续很长时间。

北极熊理论仍然挺过了心理学史上的这段冬眠期。在陀思妥耶夫斯基写下"该死的北极熊"这句话的一个多世纪后，他的引述在20世纪70年代的《花花公子》杂志上浮出水面。当时还是心理学专业学生的丹尼尔·M. 韦格纳（Daniel M. Wegner）读到了这句话，而且在他死后，他的名字也主要是被拿来与"北极熊"联系起来。"北极熊"帮助他取得了辉煌的事业，使他在哈佛大学的精神控制实验室中占据了最重要的位置。这不是因为他的研究产生了一些新的或奇妙的东西，而是因为他用实验证明了一个孩子早在150年前就已经发现的现象，这种验证在心理学领域经常发生。

该系列实验的第一次是在 20 世纪 80 年代。参与者被分为两组，一组被要求不要去想北极熊，另一组被要求积极地去想北极熊。实验通过两种方式进行测量：一种是参与者被要求在实验过程中表达他们的想法；另一种是他们被要求每次头脑中出现北极熊时都要敲响铃铛。这种双重测量可以确定参与者到底是特意想到了北极熊，还是只在"意识背景中"想到了它们。

有一部分结果是意料之中的：那些被要求想到北极熊的人比那些被禁止想到北极熊的人更频繁地想到北极熊，但是"没有任何一个人完全没有想到过北极熊"，记录者在他们的文章中这样写道。不管接收到什么指令，北极熊都出现在了参与者的脑海中，而且至少每分钟出现一次。托尔斯泰兄弟的观点得到了科学证实。

在实验的第二阶段，在第一阶段的两组参与者被交换了任务指令，这时临床心理学的一个里程碑式的细节出现了：那些在第一阶段被允许想到北极熊的人，更容易压抑关于北极熊的想法；而那些第一阶段被迫不去想北极熊的参与者，顿时被头脑中的北极熊所淹没。

这是迄今为止心理学领域中重复最多的实验了，其结果已经非常确定。想要避免某些想法在头脑中出现，去抑制它们是很困难的，甚至根本不可能。如果非要去抑制，就会起到反作用，会更加强化这些想法。

当某种担忧的情绪大到可以压倒一切时，这种被强化的"思想反弹"甚至会彻底击垮一个人。

内心的战场：消极的我和积极的我在"打架"

头脑中积极思想和消极思想的斗争是亚瑟·叔本华悲观哲学的基础构成之一，而且这种论点比弗洛伊德的精神分析法早出现了几十年："每一个让我们陷入不愉快的事件,即使非常微不足道,也会变成一个后遗症留在我们的大脑中……"在经历了不愉快的事情后,我们真心希望避免去想起它。但上述北极熊的例子表明,这一事件"会牵动我们所有的思绪,就像挡在眼前的一个非常小的物体,让我们的视野被限制、被扭曲"。

叔本华是坚定的避免消极想法派,其中包括失败感。他害怕因自己的决定而后悔,于是他在头脑中想象出了一个"反对党"。

"在我的脑海中,有一个常设反对党,会对我已经做的或决定的一切进行辩论,即使这些辩论是经过深思熟虑的,也并不总是正确的。虽然它只是精神上审查纠错的一种形式,但却常常对自己进行无端指责。我怀疑其他人也有同样的感觉:毕竟谁都不必对自己说,有什么好的迹象会让你觉得,当为实现愿望而进行了尝试和努力后,不会感到后悔。"

叔本华已经认识到,焦虑不一定只针对未来,它常常也是因为我们在当下为过去的行为感到后悔,或者我们不知道是否会后悔,因为它们的影响尚且未知。在存在主义哲学中,这种内在冲突是受欢迎的,甚至被认为是值得庆祝的。克尔凯郭尔按自己惯有的风格,用人生哲理表述了这个冲突。

"结婚,你会后悔的;不结婚,你也会后悔……嘲笑世间的蠢事,你会后悔;但为这些蠢事哭泣,你也会后悔。相信一个女孩你会后悔;不相信她,你也会后悔……上吊了断,你会后悔;不这样做,你还是会后悔。先生们,这些都是人生的真理。"

虽然临床心理学领域在过去几十年里已经接受了这种受欢迎的"悲观思维"论,但仍有反对的论点,认为人们不应该总是最终以这种"后悔"的方式来看待问题。克尔凯郭尔就是致力于这种反对论点的代表人物。

在叔本华佛教式的基本论点中,人受到一种"意志"的困扰,这种"意志"表现为对事物的渴望和对失去的焦虑。这将使我们比其他人更强烈地感受到某些思考带来的影响。

法国存在主义者让-保罗·萨特得出结论，焦虑作为一种最糟糕的感受，必须始终存在于我们的生活中。如果我们想要避免焦虑，就会唤起内心的焦虑，就像当我们试图不去想北极熊时它却顽固地出现在我们的脑海中一样。

"简而言之，我的逃离是为了不去知道。"萨特在他最著名的作品《存在与虚无》中写道，"但我不能不知道我在逃避，逃避焦虑只是一种意识到焦虑的方式。因此，实际上，焦虑既不能隐藏也不能避免。"或者："当然，我们不能压制焦虑的想法，因为我们焦虑。"

这听起来令人沮丧。但也许克尔凯郭尔和萨特都以孩童似的骄傲接受了这个想法，并将焦虑视为人类生存中最大的好处。萨特的最后一本书，是由他生命最后几年的采访录音整理成的，当时他已经失明并有酒精依赖症。他在书中写道，实际上他从未真正理解这种焦虑。他谈论焦虑，只是因为别人都在谈论它，因为这个话题很时尚。在那个年代，几乎每个人都会读克尔凯郭尔的作品。

这段录音采访的内容，与萨特早些时候发表的论点几乎没有什么关系，以至于他的伴侣西蒙娜·德·波伏娃在阅读它们时泪流满面。她担心这个昔日年轻的天才，已经在生命的尽头用尽了由最初困惑所带来的灵感。但即便如此，萨特也足够冷静地坚持要出版采访录音。

他写道，他从未了解焦虑。在20世纪30年代和40年代的时候，海德格尔也是用同样的概念作为理论的关键点。在他一生的理论创作中，焦虑是最常使用的术语之一，然而他最终并没有发现它的任何意义。

由于萨特当时每天服用四片科里丹（一种安非他命），喝半瓶威士忌，并吞下四五颗安眠药，因此其说法的真实性值得怀疑。但仍有待确定的是，在萨特生命的最后阶段，他似乎对将人类"本来就一直存在"的问题描述为"存在"的兴趣越来越低。虽然他坚持认为人注定要获得自由，但他晚年只将注意力集中在自己的个人传记，以及社会环境如何限制并界定自由生活这类问题上。

假设无论在什么样的环境下，人们的意志都绝对自由，不会受到焦虑的影响和强迫，那会是怎样一种感受呢？如果我们在某种程度上可以自由地逃避自己的想法，那么我们也应该可以自由地选择不去逃避自己的想法，这种情况下会发生什么呢？

如果我们不再试图让北极熊离开我们的生活，那么与北极熊共处的生活也许并没有那么糟糕。所以我们为什么要有"不要去想北极熊"的想法呢？

第 3 章

陷入思想的困境

16世纪的哲学家蒙田进行了一个思考实验：把一个哲学家关在笼子里，并吊到巴黎圣母院大教堂的塔楼上，会怎么样？即使从道理上哲学家明白安全措施很好，他不可能掉下来，但"从这个令人头晕目眩的高度看下去，他仍感到深深的恐惧"。

当我与帕特里克聊天时，就觉得我们中的许多人都像蒙田放在笼子里的哲学家。我们感到担心，尽管我们明白其实没理由去担心。就像那个哲学家一样，我们可以看到笼子足够安全，但仍无法将这个认知融进内心。我们恐惧到几乎面瘫，尽管掉下去的可能性很小。

帕特里克继续讲述他自己的事，虽然看上去他并没有心不在焉，但我知道他正"忙"于其他事情：他的脑海中掀起了一股思考风暴。例如，他想知道自己的真实感受到底是怎样的，自己到底该如何表达这些感受；他在思考哪些事让他感到后悔，以及这些事应该怎样继续下去。这些思考在他脑海中不停地浮现，有时它们会跑到最前面，占据他所有的注意力，这时帕特里克的精神就完全飞到九霄云外去了。

我知道这些，是因为他坦诚地告诉了我，否则我也不可能知道他内心到底发生了什么，毕竟他的思想属于他自己，从外面是看不到的。帕特里克患有广泛性焦虑症（Generalized Anxiety Disorder，GAD）。有时其临床表现被描述为"对未来深刻的焦虑"。但是,给帕特里克带来精神负担的,不仅仅是对出错的担忧。

"头脑中对替代方案的思考永远不会停止,我会不断地来回想同一件事,想象自己是一个受害者,受到了不公平的对待。这导致我心中有很多怨恨,而且我总是生气。例如,我只是因为房间内太冷和我的房东吵架,然后我就越来越生气,一直到这种感受'爆炸'了。我甚至给房东讲述了一本小说中的情节,用来佐证眼下这一切都是多么糟糕和错误。我认为这个冲突很大一部分肯定是我的问题,因为我的问题总是比其他人的问题大得多。"

走廊里很冷。在他身后,整齐地摆着儿童橡胶靴、连体衣和外套。帕特里克也是一个父亲,是一个不错的父亲,我想。至少他是一个对孩子时刻积极回应的父亲。

"当我和孩子们在一起时,这种感受最明显。我的儿子很快就七岁了,但我回想起来,自己似乎一天都没有好好地陪伴过他。当我看到他学到了一些新东西时,并没有为此感到高兴。我只会一直想,以后会发生什么事,可能会出什么问题。"

帕特里克是个很有责任感的人。毫无疑问,很多事情都可能出错。帕特里克已经有过这样的经历,比如父母离婚、抚养权之争、父亲得了抑郁症等,帕特里克总是提醒自己,必须振作起来。但无论他为自己和家人付出了多少,他都会感到内疚。

"内疚感巨大而沉重。我很难感受到快乐,但这种情况在慢慢好转。有时我可能需要几年时间才能再次为某件事感到高兴。当我的伴侣谈论起那些明显跟我有关的事情时,我会感到很高兴。但我从未真正舒心过,总有问题要解决,要压抑情绪,要控制结果。"

帕特里克尝试了各种正念技巧,训练自己在事情顺其自然发生时平静地接受。但他说这些都无济于事。我们的谈话帮助他更清晰、准确地描述了自己的状态。

"现在我拿起洗碗刷，涂上清洁剂，开始刷，直到起了泡沫，这样盘子就干净了，然后冲洗盘子，再把它摆放好。可是一旦停下来，那些想法就会立即回来。即使在说话的时候，我的想法也可能在别处闪过。"

我问他，平时是否会做一些能让自己更专注的事。

"对我的伤害会将我拉回现场，还有暴力。我想回避但必须诚实地说，亲密关系和性也可以让我专注。但这些都不好，这些是暴力。更确切地说，是暴力行为才能让我的注意力留在当下。"

我又问他割伤自己的时候有什么感觉。

"大脑瞬间会感到平静。通过这种方式，我可以拥有一种感觉，觉得自己能够控制自己了。我很擅长让自己的情绪变坏，我知道我是个焦虑的人，我无法拥有良好的感受。"

逻辑的局限：为何理性无法解决焦虑

自从 19 世纪末社会学成为一门研究学科以来，现代理性的非理性结果一直是人们不断研究的课题。通常，在我们努力解决问题的过程中，我们只是强化了问题产生的合理性。

试图用更冗杂繁复的流程来解决官僚主义问题就是一个例子。另一种例子是，使用科技来解决科技造成的环境问题。

试图借助思考摆脱繁杂的想法，也属于同样的问题。如果不通过思考，一个人如何处理过多的想法？在不激发更多思考的情况下，人们会如何对自己的想法进行批判呢？

第一部分　我们生活在充斥着焦虑的社会

在"如果……会怎样"这个假设迷宫中，我们需要更多的智慧，而不是更多的想法。正如我们将在本章中看到的那样，这种智慧是存在的。然而，在现代心理学中，对智慧的定义完全基于认知能力——我们会如何处理自己的思想？这也解释了，为什么历史上那么多聪明的人却过着不聪明的生活。一个相当令人费解的例子是奥地利逻辑学家、数学家库尔特·哥德尔，他在数学和哲学史上的重要性不言而喻。他于1931年发表的第一个不完备性定理掀起了数理逻辑领域的大变革。这个定理指的是，有一些数学陈述，即使没有被证明，也是正确的。相比之下，哥德尔假设出现之前的数学是不完整的。虽然这听起来微不足道，但不完备性定理是对数理逻辑最突出的贡献之一。哲学家丽贝卡·戈德斯坦（Rebecca Goldstein）在她的书《不完备性：哥德尔的证明和悖论》中，将这一定律比作一件艺术品，它解释了美学的原理。

哥德尔是一位伟大的天才，以至于都没有一个合适的词汇来形容他的成就。也许只有他的朋友阿尔伯特·爱因斯坦可以与他齐平了。他们两个人是在欧洲逃离纳粹主义并最终进入普林斯顿大学时相识的。从20世纪30年代初期到1955年爱因斯坦去世的这段时间，他们经常一起出去散步，交流思想。爱因斯坦后来曾说，在这段时间里，他去办公室的主要目的就是享受与哥德尔交谈的"特权"。

除了他的不完备性定理之外，哥德尔还对相对论、现象学和柏拉图式现实主义的发展做出了贡献。他对哲学的兴趣和热情是无限的，生命的最后几年他都在致力于寻找一种新的论据，它可以用理性证明上帝的存在，证明时间的不存在，并解释时间旅行在理论上的可能性。

从外表看，哥德尔是理性的、很有逻辑的人。他的一位房东说他是暴躁阴郁的，他总是陷在沉思中，心不在焉的。白天他通常呆在办公室里，在日落时分开始散步，直至午夜。作为一个思想家，他是弯着腰走路的，双手背在身后，眼睛一直盯着地板——正如他的房东所形容的那样，他是

焦虑的狂欢

一个"陷入沉思"的人。

想必是那些尚未解决的数学问题伴随着他一起离开了办公桌,但不止于此,还有其他各种各样的思考也在他脑海中闪过。他不仅仅是彻底掀起逻辑领域改革的人,是爱因斯坦都要脱帽致敬的人,他还是一个头脑无法静下来的人。

并不是说他身上藏着一个海德先生[①],稍微一放松束缚就出现了。不,即使在他疯狂的举动中,哥德尔也表现得像一个彻头彻尾的逻辑学家,或者一个经验主义者。为他编写传记的作者发现了哥德尔的一个有趣的细节:他一直反复从图书馆借一本书——《一氧化碳中毒》,尽管这本书与他的研究并没有关系。

对气体中毒的焦虑是困扰哥德尔的众多"如果……会怎样"的问题之一。这种焦虑不是凭空而来的,他在维也纳的公寓是用煤和焦炭取暖的,肯定有一氧化碳中毒的风险。但在哥德尔的一生中,似乎越想减少某种危险,那种危险发生的概率就越大。在美国的时候他也对"气体"感到厌恶,所以他扔掉了床(因为它闻起来有木头和油漆的味道),并拆除暖气和冰箱(因为这些设备会排放某些气体),他的公寓在冬天时又冷又不舒服。

哥德尔担忧的还有其他问题,包括医生会伤害他、乱开处方药,他甚至觉得医疗参考目录也是谎言,还害怕有人在他睡觉时给他注射药物。

食物对他来说是最大的困扰。如果食物中毒怎么办?风险再小也总是存在的。从哥德尔对这种风险的处理方式可以看出,令他担忧的"如果……会怎样"已经脱离了现实范畴。

---

① 来自罗伯特·路易斯·史蒂文森(Robert Louis Stevenson)的作品《化身博士》一书,哲基尔博士和海德先生常用来比喻人格分裂患者分裂出的两个截然不同的人格。

妻子阿黛尔被深深地卷入了他对中毒的焦虑之中。阿黛尔不得不承担起"试毒师"的角色,只有她尝过的食物哥德尔才会放心吃。在他们因战争逃难到美国之前,阿黛尔一勺一勺地把他从 48 千克喂到 64 千克,用这种方法让她的丈夫免于挨饿。从那时起哥德尔就一直依赖他的妻子,一旦妻子不在身边,他就会重新陷入饮食障碍,甚至严重到威胁生命。

有一次阿黛尔生病了,而这期间哥德尔又遭遇了艾伦·图灵的批判,他把自己关在公寓里与世界隔绝,变得更加偏执,体重迅速下降。在他的朋友奥斯卡·摩根斯坦(Oskar Morgenstern,博弈论的创始人)和鸡尾酒加精神类药物的帮助下,哥德尔才摆脱了困境。

1977 年,阿黛尔生病住院,摩根斯坦已经不在人世,那就没有人能够拯救哥德尔了。

逻辑学家王浩是哥德尔生命最后时光被允许进入他公寓的少数人之一。据说哥德尔告诉王浩,他已经没有力量去做积极的决定,只能做出消极的决定。

阿黛尔回来后说服他去了普林斯顿医院。他在那里去世,离世时体重仅有 29.5 千克。死亡证明上写着:"人格障碍导致的营养不良和精力枯竭。"

即使像摩根斯坦这样的博弈理论家,在与哥德尔的接触中也不得不承认,哥德尔所有"如果……会怎样"的假设以及他应对这些假设的措施中都有一个逻辑。但根据摩根斯坦的说法,哥德尔想象了"太多的阴谋",它们虽然都有固定的逻辑,但也有前提,哥德尔的问题就在于永远无法远离这些"前提"。摩根斯坦回忆起当时的一个事件:哥德尔在普林斯顿医院僵硬地向医生表示,自己的医疗保险无法覆盖医生建议的治疗方案。很难想象当时医护人员的反应——这个知名的逻辑学家从保险合同中推断自己无法接受他们的帮助。他的结论可能是正确的,但逻辑以外也有其他原则，为什么哥德尔不肯承认这一点呢？

数学家约翰·道森（John Dawson）在哥德尔的传记中提到："（他）无法处理自己内在的偏执逻辑，或者可以说，他没有能力发展自我的元理论视角。"

哥德尔应该无法将他自己的理论理论化（这就是元理论的涵义），几乎不可能。想必正是这种情况导致他让妻子在自己进餐之前先尝试那些食物——他知道中毒的风险小到可以忽略不计，但是问题不在于他缺乏理论视角，而是因为他只能依靠理论，理论就是他的全部。

跌倒的风险：焦虑如何让我们畏手畏尾

在蒙田的实验中，巴黎圣母院大教堂笼子里的实验者可不是随机的某些人，而必须是一位哲学家。在该思想实验的另一个变体中，蒙田还设想了另外一种方式来进行："或者，在巴黎圣母院的两座塔楼之间放一根横梁，其宽度足够人们舒适地行走，但仍然没有哪种哲学智慧可以足够强大到支撑我们勇敢地踩在上面，就像踩在平地上一样。"

蒙田似乎也将重点放在了哲学思想的智慧和力量上。但这种智慧很有限，并不能让人彻底放松：每一次走在悬崖边上，他都害怕得发抖，"虽然我距离悬崖边缘还有一定距离，肯定不会掉下去，除非我故意往下跳。"

蒙田明白，危险的想法比危险本身给我们带来的负担要大得多。这个实验发生在克尔凯郭尔研究无底深渊的几个世纪之前，比认知心理学中出现反事实思维概念还要早将近半个世纪。

当我们走在两座塔楼之间的横梁上时，死亡的风险肯定高于哥德尔所担心的那些危险，因为走错一步就足够致命了，但哲学家明白，危险与恐惧之间的关系并没有那么简单。在高速公路上开车的人，其死亡概率比参加蒙田实验的人要高得多,每当有车辆向我们驶来时,只需轻轻一转手腕我们就会万劫不复。但即便如此,我们大多数人开车时都觉得没什么问题,不会害怕。

然而蒙田做思想实验的那些场景,现在已成为世界各地许多人日常工作和生活的一部分:每天他们都在高空的横梁上移动,而且那些横梁通常比巴黎圣母院的塔高多了,防护条件要差得多。

在20世纪初的美国,万丈高空中首次出现了这些施工横梁,通过它们,巨型桥梁和数百米高的摩天大楼才能平地而起。作家吉姆·拉森伯格(Jim Rasenberger)在他的《高高的钢梁》(High Steel)一书中描述了这些建筑工人的日常生活:第一次乘坐施工电梯到28层的人,都会被震撼到,这种感觉一部分来自高度,建筑物从上面往下看比从下面看到的更加庞大;另一部分来自永不停歇的风哨,无论地面上多么平静,摩天大楼的顶部总是大风呼啸,因为没有任何东西可以减慢它的速度。另外,在高空中还会感觉到整个摩天大楼都在摇晃,在200米高的建筑物上,半米范围的水平波动都是正常的。人们往往会放低视线,以免忽略脚下的"洞"和可能会绊倒人们的废弃螺栓、钢丝绳、链条碎片等。在建筑起重机的钩子上,钢梁摇摇晃晃逐渐靠近你头部的位置,这时人们会觉得,跌倒已经不是唯一的危险。

一次采访中,有一名工人说,大多数新来的人在将要走出钢梁时都会退缩,那是一种条件反射,他们要么转身,要么坐下。通常在最初的几周里,他们只能通过一点点挪动的方式前进:跨坐在钢梁上,一条腿在右边,一条腿在左边,双脚夹在双T梁的突缘下,慢慢地推动自己的身体越过钢梁。在这方面,蒙田的理论似乎是对的:对大多数人来说,在空中的横梁上行走与在地面上行走是不同的。

但也有个体差异。一些工人从第一天起就能直立走过钢架,而且能很快学会如何应对雨水、冰和其他一切使得钢架行走变困难的事物。是什么让这些"天生的高空漫步者"变得与其他人不同呢？

近70年来，各种研究报告和人类学著作中都有对这个问题的探讨。到现在为止，莫霍克族印第安人在高空工人中的比例都很高，在长达数十年的时间里他们都很受欢迎，纽约近10%的建筑工人都来自这个印第安部落——但考虑到全球只有大约30 000名莫霍克族印第安人，其中24 000人居住在加拿大，所以10%这个数字在统计中并没有代表性。

对莫霍克族建筑工人的招聘偏好可以追溯到19世纪后期，因为当时曼哈顿的一位桥梁设计师发现，莫霍克族工人正在高高的钢架上做体操来打发休息时间。20世纪50年代，《国家地理》和《纽约客》的夸张报道又助长了谣言。就连纽约劳工和工业部在1961年出版的《工业公报》上也提出了一个理所当然的说法："与其他印第安部落的人不同，莫霍克人本能地不恐高。"

一个有趣的想法是：无论克尔凯郭尔还是蒙田，都不应该把恐高症作为研究焦虑的切入点。对于那些必须在钢梁上工作的人来说，恐高有损他们的生存能力，恐高是种额外的危险，它引发的头晕会扰乱人体平衡。建筑工人们都知道自己不应该低头向下看。但高度是真实存在的，在钢架上工作的人们是否就应该将自己从灾难的想法中抽离出来？不要总是想象着，有人会不小心跌倒，或掉入缝隙里，在掉落的过程中人会不停地摔在各级钢架上，再被反弹出去。

从建筑物上坠落的危险要比从悬崖边缘跌落的危险更大。几乎每一座摩天大楼的建造过程中都有人丧生——旧世界贸易中心、安达信大厦和帝国大厦在建筑过程中各死亡5人。那些更老的高层建筑据说引发过更多的死亡。在20世纪上半叶，当人们开始留意莫霍克人现象时，据估计，建筑工人中有2%的死亡率和2%的致残率。美国劳工统计局的一项研究发现，在1910年至1914年间，1000名建筑工人中会有12人死亡，353人发生事故。直到今天，这个数据依然居高不下，仅仅排在森林工人和渔民的死亡率之后。

那么高空作业的建筑工人怎么能不让自己被"如果……会怎样"的想法干扰呢？

拉森伯格在书中描述了他曾在中央公园时代华纳中心观察到的惊人景象。他看到一名工人停在钢梁中间点燃香烟，另一名工人站在旁边别的钢架上数着钱包里的钞票。他还观察到两名工人在25厘米宽的高空钢板上相遇，他们俩停下来，戏弄了一下对方，然后笑着从彼此身边走过，都朝着自己该去的方向继续行走。一个年轻人快速地在钢架上大跨三步，跳到平台上拿了一个工具，然后又跑了回来。拉森伯格觉得他要么会成为一名优秀的建筑工人，要么就死掉了。在采访中，工人们说，经常会有人坐在离地面几百米的钢架上睡着。

不可否认，似乎真有人可以在高高的载体架上移动，轻松得就像躺在平地上一样。20世纪40年代后期，纽约记者约瑟夫·米切尔（Joseph Mitchell）描述了莫霍克人胆大的特征，这似乎是为了回应蒙田的思想实验，尽管文中没有直接提及。他引用了一位桥梁建造者的话，他发现莫霍克人"像山羊一样敏捷"，可以毫不费力地"在天空中的一条狭窄的钢梁上行走，而下面是河流……对他们来说，在高空狭窄的钢梁上行走，与在地面上行走并没有什么区别"。

如果这个描述是正确的，那不可能是因为莫霍克人"站立得更好"。正如米切尔在他的报告中所说的那样：从统计数据来看，死亡人数平均分布在该行业的所有种族中。一位莫霍克人在接受采访时说："几乎每天都会跌倒三四次。不会特意去想它，除非过后有人提起说'今天我想象到，你可能就从那个缺口掉了下去'时，你才会想起它。"

莫霍克人是高空架子上的非哲学家群体，他们将危险看作自然而然的事，是否这样的人就不会陷入"如果……会怎样"的假设中呢？是否这样的人就不会陷入哥德尔式的僵化中呢？

又或者，不同文化之间的差异，造成我们倾听自己内心想法的程度也有所差异？

思维是一种病：我们是否过度诊断了自己

一旦你有意识地观察，就会发现，经验带给我们的影响比单纯的思考更大。每时每刻我们都在经历一些预料之外的事。威廉·詹姆斯（William James）被许多人认为是现代心理学先驱，他将这种未受意识影响的经验称为"纯粹经验"。

纯粹经验很难描述，也很难被有意识地感知。刚出生时，我们除了纯粹经验之外别无它物，在我们睡着的时候更是如此。但是，一旦我们开始审视自己的经验，就会开始对号入座，开始分析，开始让我们的经验"被形容词和名词以及介词和连词所湮没"，正如詹姆斯所说的那样。

同样的，不管我们被自己的思想控制得多厉害，都仍然会有纯粹经验。例如，当我们读一本书时，思维就会被这本书的内容所吸引，但也时不时地偏移到其他事物上，这些偏移的思想焦点徘徊于感官印象、身体感知、噪音和气味之间，我们没有思考它们，但获得了体验。当我们动态地调整身体姿势时，都是自然而然的行为，我们不必去想着这些事。我们在体验这一切，但不会思考它们。

詹姆斯认为意识大于思考。那些冥想传统，无论是源于哪种宗教，都是试图让人意识到自己的无意识行为。内观和坐禅等冥想技巧旨在扩展詹姆斯所谓的纯粹经验。一些印度教的讲授师将思考等同于摩耶，即"幻觉的面纱",想要从当中苏醒的人,按照理论需要走过离地面100米高的横梁,在走每一步的时候都要认清当下,不得迷失在反事实的想法中,否则就会一脚踏错跌入深渊。

至于不同的文化如何定义"思考",需要看它们如何对心理健康问题进行分类。美国《精神障碍诊断与统计手册》用5页内容来总结"文化",因此书中那些"关于痛苦的概念"并不只是在西方文化背景下。在这本手册中可以看到这样的记录：Kufungisisa在绍纳语中意思为"想得太多",是关于痛苦的习惯用语,也是津巴布韦绍纳人对于这个问题的文化性解释。

根据手册记录,kufungisisa涵盖了多种不同的疾病,如抑郁症、广泛性焦虑症、强迫症、创伤后应激障碍和持续性悲伤障碍。kufungisisa不是关于某个特定的思维方式的,而是一种整体的思考。从对kufungisisa的人类学研究中可以看出,许多人觉得kufungisisa的概念能够更贴切地形容此类心理问题,比"焦虑"和"抑郁"等西方概念更适合。

一项研究调查了那些寻求心理健康问题治疗的津巴布韦居民,结果表明,其中80%的人认为自己的问题是由kufungisisa引起的。这种疾病被描述得非常严重,以至于三分之二的受影响者无法继续工作。

kufungisisa就像西方心理学中所谓的反刍思维,或者说反省深思。对此一个最常见的比喻就是：大脑中无限循环的录像带。它带来的身体症状包括疲倦、入睡困难、头痛和食欲不振。

其他国家也有类似的诊断,通常有各自不同的名称。在一篇关于加纳妇女健康情况的社会学论文中,"想得太多"是最常被提及的健康问题,比身体疾病更加常见。参与调查的妇女们说,那些思绪将她们撕成了碎片,使她们难以入睡。通常,过多思考被描述为一种物理现象。

一位女士说："我很担心,在我的大脑里、耳朵里充斥着一种声音,听来就像'呜呜呜呜'一样。"另一个女人说她一思考就会头痛："当我深入地思考时，会感到非常头痛。有时我甚至不得不把头包裹起来，才能感觉好一些。"

与西方医学界的数百种精神病诊断相比，kufungisisa 似乎是个特别肤浅的术语。但有许多迹象表明，西方对分类的热情正在遭受打击。一个是合并症的问题，另一个是同种想法感受会符合多种临床特征，这两点已经引发了广泛的争论，而且焦虑和抑郁两者似乎都从来没有明显地单独出现过。除了少数恐惧症外，人们往往会同时经历焦虑和抑郁，焦虑的火焰很容易演变成抑郁的黑暗，而抑郁的黑暗又会引发焦虑。正如一位药理学家所说的那样，很难找到一个只有焦虑症而没有抑郁症的人（某些临床实验有时需要找到这样的病例样本），以至于这样的人"像黄金一样珍贵"。

从这个角度来看，头脑中"呜呜呜呜"的声音并不是一个很坏的对于糟糕感受的描述。

如果我们深入研究人类学就会发现，在世界各地大多数文化都以"想得太多"来描述这类疾病。在尼日利亚，不知疲倦的思考会导致所谓的大脑疲劳，这种情况源于学习过多，这似乎会损害大脑并导致发热的感觉，这种感觉会一直蔓延到头部。在乌干达，西医所谓的抑郁症被解释为由想得太多所引发的问题，被认为是一种精神疾病。在柬埔寨，许多不同的疾病，如耳鸣、健忘、心脏问题和恐慌发作都归咎于想得太多。在因纽特人和不丹人中，"想得太多"被认为是导致痴呆和精神病等更严重疾病的原因。

关于"想得太多"对健康的威胁，有一项对全球范围138个研究的分析，其临床特征的描述中有18种不同的语言出现。

每项研究中重点关注的风险组别则因文化而异。在埃塞俄比亚的一项研究中，城市中的年轻人被定义为危险群体，因为良好的物质生活水平和家务自由让他们能思考的时间过多了。

根据泰国的一项研究，女性似乎更容易受到影响：一方面，是由于女性总是扮演从属角色；另一方面，她们没有参加 Khitpen 修行，那是泰国男性被强制要求参加的修行，这种冥想修行能够教会他们不去想太多。

在受佛教影响的社会中，尤其是东南亚国家，人们认为想得多少也是一个道德问题。在这些地方，过多的思考被认为是性格缺陷而不是痛苦。思虑过多，说明灵性发展有障碍，过于严肃。过于严肃可能会发展成一个问题，就像是克尔凯郭尔的忧郁，这似乎是一个出于社会联结的论点：既然所有人都会受苦，那么只专注于自己的问题，就是以自我为中心，对世界上其他的苦难视而不见。

也许此时需要更严格的精神控制出现，但这会产生反作用，因为我们已经知道，要想移除头脑中的某个想法是多么困难。而本质上，所能做出的改变就是重新衡量这些想法的价值。佛教传统认为，出现在思想流中的东西都是由我们的行为所引发的，那些放不下执念的人，都太执着于"理解"，而不愿接受这个世界的当下、死亡和短暂。要接受那些无法理解的事情，我们必须先超越思想。

即使是对于实际的任务，我们有时也有必要将思维逻辑抛到脑后。在西方，我们会说某人是"没有头脑的"或说某人应该"开动头脑"；而在日本"用头脑理解某事"则是贬义的说法，被认为过于肤浅，就好像说知识分子只要知道一系列舞步，都不必去真正地学习舞蹈就能跳舞一样。日本人认为要想获得真正的深刻理解，就必须避免思考。

思想机器：大脑是如何"制造"焦虑的

当我们大范围研究恐高症时，正如精神病学术语书中所说的那样，可以观察到文化差异。终生患病率，即生命中某个阶段肯定会患上这种疾病的人数，其范围从伊拉克的0.9%到哥伦比亚的7.1%，在高工资国家比例明显过高。

虽然缺乏关于莫霍克人的统计数据，但研究数据表明，对高度的恐惧因国家而异。这是否意味着某些种族可以轻松地在半空中的钢梁上保持平衡，就像在地面上一样？

即便有，也是经历了很长时间的适应期。没有人一开始就是无所畏惧的。许多莫霍克人经历了这个习惯过程，他们为生活所迫，必须通过这个工作赚钱。莫霍克人在纽约的建筑工人中占据很大的比重，并不是因为某种神秘的天赋能力，而是因为那是代代相传的职业和习惯。如果说文化在其中发挥了某种作用，那最多是由于雇主对不同种族群体的看法不同。

"许多人认为莫霍克人不怕高，"一名工人说，"这不是真的。我们和其他人一样害怕。不同之处在于我们可以更好地克服这种害怕。"

头脑中不断涌现的想法，对风险的分析、测量和预警，这些并不是一个不想吃饭的哥德尔和一个睡在钢梁上的建筑工人的区别，区别在于他们倾听内心焦虑的强度不同。

看看其他类型的"如果……会怎样"的假设性问题，在不同文化中，精神病学诊断在这一点上存在相当大的差异。根据世卫组织的数据，在一生中的某个阶段符合广泛性焦虑症标准的人数比例从尼日利亚的0.1%到澳大利亚的8%不等。恐慌症的比例从中国的2%到新西兰的27%不等，在社交恐惧症和幽闭恐惧症等疾病中也存在类似的地区差异。

不管原因是什么，这些差异都告诉我们，人们对"如果……会怎样"的沉迷程度不仅存在个体差异，还存在集体差异。

思考可以帮助我们了解世界，但也可以模糊世界。当禅宗佛教在二十世纪五六十年代传入欧洲和北美时,思想已经固着的现代人对佛教并不适应,对其展开了不寻常的社会批判,由此衍生的问题被描述为社会问题,而不是生存问题。

"这些所谓的文明人变得越来越疯狂,更容易自我毁灭,他们因过度思考而与现实脱节。"英国国教牧师艾伦·沃茨(Alan Watts)说,他本来可以在西方的禅宗佛教思想传播方面发挥重要作用的。

"由思想创造的图像会破坏人际关系。"他的老师吉杜·克里希那穆提(Jiddu Krishnamurti)认可这一点,他拒绝概念性思维方式,甚至不承认佛教,"我们存在的核心问题是思想,我要关注思想机构,因为东西方文明都是以思想为基础的。"

"我们必须意识到,现代文明完全在以各种可能的方式使人类丧失人性,"美国禅宗佛教传播先驱铃木大拙说,"这意味着我们都在逐渐变成没有人类灵魂的机器人和雕像。"

这一时期的佛教文献中有更多的相关研究,可以说明去人性化在每一个单独的个体身上体现得越来越明显。然而,这些佛教派的批评家们并没有更详细地分析是什么驱使我们在文明中变得思考泛滥。他们更愿意将文明视为既成事实,并将对过度思考的解放看作个人问题。

接下来我们将探讨对思考的执着是如何产生的。我们可以从越来越精确的时间线测量中找到这些踪迹。

第二部分

焦虑的历史与根源

任何人,只要有一点想象力,就总会找到各种担心的理由。

第 4 章
时间线：我们如何走到今天

爱丽丝觉得，大多数交通事故都是有企图的自杀。

"你怎么会这样想？"我问。

"我知道这听起来有点讽刺，"她说，并未避开我的视线，"这其实很合乎逻辑。虽然死于车祸很糟糕，但还活着的人会更糟糕，我的意思是，那些失去亲人的人。"

当我正要问她，是否有哪些研究可以证明这一点时，我突然意识到，与其说这是一种社会学性的陈述，还不如将它当成一种忏悔更合适，她在讲述自己的经历。

爱丽丝总是对未来有清晰的规划。当她还是一个小女孩时，就期待着有一天能上学；进入中学后，她得知自己的努力学习都会换来相应的评分，就很期待；高中阶段，她就知道以后会升入大学，对此也很期待。她的生活是由期望和实现组成的。有时她也会担心，但通常都是沉浸在期待的喜悦中。

当然，她的生活中充满各种计划，每一天都过得井井有条。

爱丽丝说，从她记事起就一直在按计划生活。父母对一切事项都有计划，即使是最小的细节。她记忆中从来没有因时间紧迫而产生压力。有几次母亲担心她因为时间急迫而忘记一些事，比如担心她找不到钥匙，或担心她赶不上公共汽车，即使她已经提早 10 分钟到达公共汽车站了。她只感受过母亲带来的这种间接压力，但这样的压力不是出于绝望，只是一种平静的压力，因为有足够多的时间来解决问题。

爱丽丝的父母一定会按约定时间提前至少 20 分钟到达，然后坐在车里等。他们有时听收音机，有时在车附近走几圈。

"如果天气好，我们甚至会去散步或逛商店，因为你也没办法太早就去约定地点。但大多数时候，我们只是在车上坐着等半个小时。"

如果他们不得不去一个陌生的地方，通常会提前一两天开车去了解情况。有一次爱丽丝的母亲想去哥特兰岛旅行，全家人在前一天开车一个小时到了奥斯卡港，只为提前摸清楚码头的确切位置。

"她将所有的事情都计划好了，是所有的，不管是工作日还是周末。她每个星期五都会列购物清单，会确定下周我们的晚餐都吃什么。周末或假期的每个早晨，父亲都会问我一个问题：'你今天打算怎么过？'我讨厌那个问题，它破坏了我自由自在的感觉。如果我说我没有计划，就会感到内疚，好像我必须得做些什么才对。"

爱丽丝长大了。她期待着美好的初恋，然后也开始了自己的第一段恋爱关系。她期待着搬到乡下，然后她就搬到了乡下。

突然，生活就变得好像没有什么可期待的了。爱丽丝的未来瓦解了。

有一次，她在夜里醒来，焦虑得吐了出来。第二天晚上又是如此。她不知道焦虑还有这样的表现形式，这种状况持续了好几个月。她以前焦虑过，但那是不一样的感觉，这一次焦虑带给她的是身体的症状，而不是精神的症状。

焦虑带来的影响超出了预计，在一个上坡的弯道上，爱丽丝还没有转动方向盘就踩了油门，车即将飞出弯道前她闭上了眼睛。汽车飞离了地面，连带着爱丽丝也一起飞了起来。在这个短暂的飞跃过程中，爱丽丝仍然想到了生活中有那么多美好的事物。

"我仍然爱身边的人们，我喜欢和他们在一起。我不孤独。我只是无力再应对那个名叫'活着'的项目了，我就是做不到。"

爱丽丝坐在我面前，她还活着。汽车甩了出去，车轮还没有停止旋转，但四个轮胎奇迹般地再次着地，没有撞到任何东西。爱丽丝睁开眼睛，发现汽车已经冲破了羊圈围栏。不远处，那些羊站在那里看着她，如同正在沉思一般。

然而，这还没有结束。她被自己的所作所为吓了一跳，抓起手机打给自己的爱人，告诉他自己出事了。

夜里，她又在焦虑中惊醒。

"我无法想象面前的生活会变成什么样的。它在我的前方，我却看不清楚。"

有一项关于自杀的研究，其对象为封闭病房中的精神病患者。被研究者按照是否想过要自杀分成两组。所有参与者都患有精神疾病，包括抑郁症、强迫症和精神分裂症。导致他们是否想自杀的因素并不是精神的痛苦程度，反而想要自杀的患者在另一点上特别明显：他们无法想象怎样做才能变回原来的自己。当被问到十年后自己将会是怎样的时，他们没有回答。这也是爱丽丝的问题所在。

对此类研究的普遍解释是，人们需要一个目标才能保持生命良好运转。无论是年轻人还是老年人都认为，当今的孩子会比他们的父母辈过得更糟，这就是造成当今社会焦虑的主要原因之一。

本来，"未来"并不像"今天"一样重要。如果纯粹从实际出发，人们能向前看多远？在人生的大部分时候都只是几天而已。但对于现代人来说，这个未来的视野远远超出了那些具体的东西。当想到"我们的未来"时，它所涵盖的时间如此之长，仅仅在几个世纪前，还没人敢做这样长远的推测。

任何人，只要有一点点想象力，就总会找到各种担心的理由。一个孩子可能会害怕 20 年内都没有朋友；一个吸烟者担心自己会在 40 岁时死于癌症；一个女大学生担心 50 年后会遭遇晚年贫困；而爱丽丝担心自己的余生都会不快乐。

所有这些对未来的担忧都是虚构的，只是猜测而已。唯一真实的是，此时此地的我们是否被希望或者焦虑填满内心。为什么那些尚不存在的东西会提前投射出这么长的阴影呢？

快节奏的代价：现代生活让我们更焦虑

我们不应忘记，在人类历史 95% 左右的时间里，即大约 20 万年里都没有准确的计时工具——没有时钟，也没有关于星期的说法。

当我们观察不同文化中永恒存在的那些痕迹时，就能看到时间和时间线对我们的影响有多大。20 世纪中叶，第一批人类学家就注意到，在没有工业和农业的情况下，人们处理时间的方式跟现在有很大的不同。要总结不同文化背景下人们对时间的理解并非易事，许多人类学家为了准确地记述这些文化差异做出了巨大的努力，这是社会科学中影响最深远的成就之一。

例如，在最近发表的对纳米比亚桑人的研究中，人类学家詹姆斯·苏兹曼（James Suzman）花了 25 年时间与桑族人呆在一起，学习他们的语言并了解他们的文化。直到现在，桑族人还是最后一个仅以狩猎和采集为生的部落,他们被称为世界上最古老的族群,现在仍处于对工资生活的适应过程中。如今他们生活在现代和原始之间,穿着工厂制造的衣服,拥有工具,住在房子里,并与外界进行贸易。

苏兹曼要做的研究本来不是聚焦于桑族人对时间的感知和处理的,他是通过白人定居者才意识到这一现象的存在。这些白人在殖民主义之后继续剥削土著人,雇用土著作为工人,通常用食物来支付他们的薪酬,而不是用金钱。虽然根据纳米比亚法律这是非法的,但许多农场主坚持认为,桑族人无法处理金钱。

"这些'布须曼人'对时间的看法与我们不同。"其中一位农场主解释道。

许多农场主都持这种观点。因为桑族人在时间观念上就像"幼儿"一样,他们无法管理自己的钱。如果你按月支付他们金钱工资,这笔钱通常只能维持一个星期;如果他们得到食物形式的工资,那将会受益更长的时间。

农场主通过这种方式获得了更多的利益,使得这种观点变得更加有争议。此外,通过基础评估,也印证了一个很早就出现的不幸事实,即桑族人更像动物而不是人类。直到一位桑族老人无意中提到,白人农场主对时间的理解与他们不同时,苏兹曼才开始调查这些不同究竟是什么样的。

"过去"和"将来"对桑族人带来的影响微乎其微。让苏兹曼走上这条路的桑族老人已经不再是这个群体里的年轻人,和这个部落里的很多年长的人一样,他不知道自己是什么时候出生的,他也不感兴趣,他的年龄只能通过询问他经历过的历史事件来估计。但因为他几乎不想谈论过去,所以这并不容易。

"农场主和赫雷罗人来了,他们偷走了我们所有的土地。"这是他记忆中的一个里程碑。

苏兹曼的研究证实了另一位比他早50年的人类学家所描述的内容。那名人类学家也对桑族人的记忆如此之少感到震惊,桑族人对过去的事情没有兴趣,一个人死了就埋在沙里,被人遗忘,他的父母或祖先是谁都无关紧要。

桑族人似乎更不关心将来会发生的事情。他们对未来的展望非常少,即使有,也局限在短短的几天里。他们所有的注意力都集中于"现在"。

在其他几个还以狩猎和采集为主要生活方式的部落中,人们对时间的理解也是如此,他们更关注当下,包括刚果金沙萨的姆布蒂人、坦桑尼亚的哈扎人、马来西亚的巴泰克人或印度南部的潘达拉姆人。

以上从研究中被证明的结论也可以从逻辑上推导出来:在一个总是不停迁徙的部落中,人们每月、每周,甚至每天都生活在变动中,从纯粹的实际角度来看,他们无法积累食物或金钱,总是立即消耗掉采集或狩猎所得的一切东西。在这样的部落中,人们看待自己和世界的视角很少会受到过去或者未来的影响。

这种对狩猎采集部落的分析是最没办法类比的,许多其他的关于人类初始状态的分析也都处于同样的状态:我们寄希望于在现存的狩猎采集部落中找到人类的"原始状态",这种希望无疑是渺茫的,因为这些部落之间存在很大的差异。

但对"关注当下"的解释却明显地达成了统一:因为他们都是通过狩猎和采集来获取食物的。

人类学家称之为"即时消费",这是相对于农业社会中经过储存后的"延迟消费"而言。要理解这一点,人们需要想象一下,以零星狩猎加上采集蘑菇、根茎类蔬菜、浆果为生的生活方式,要怎样运转?

答案是:以最简单的方式运转。这类食物不能长期保存,必须尽快食用。因此，获得食物成为每天必须重复的过程。

当然，运转的结果各不相同。一些部落主要靠采集食物为生，另一些部落则主要靠猎杀野生动物、水生动物或收集蛋类为生。他们的共同点是每天生产后就消费，只有从手到口的生活：用手获得，用口吃掉。这一点从三个方面影响了他们的时间观念。

首先，为未来做准备不仅没必要，而且没有可能。当今社会，我们既担忧未来，又想掌控未来，这都是科技和社会发展的产物。毕竟，只有当人们有机会将金钱和生活必需品收集到一起时，才能对未来一周、一年甚至十年的财务状况进行规划。如果金钱转瞬即逝，那么每个月都将其中一部分储存起来是没有意义的，将用不掉的放弃也没有意义，都不会导致未来的任何增长。总的来说，这种情况下节俭不是一种美德。

其次，出于他们独特的饮食习惯，狩猎采集部落的人们不会太担忧食物的问题。食物的来源取决于他们是沙漠猎人还是北极猎人，他们总能获得各种各样的食物。在农业社会中，这一点要差得多，人们只能用有限的几种农作物来填饱饥饿的肠胃，有时甚至只有一种——大米或者麦子。天气条件、植物病虫害都有可能在这种单一栽培的模式中产生破坏性后果。所以猎人和采集者的预期寿命长期高于相对"文明"的农业社会聚居区的居民。据估计，会高出大约30～40年，如果不考虑较高的儿童死亡率，还会更高：活过十岁的孩子，大概率寿命会超过60岁，有些地方甚至是超过80岁。据称，狩猎采集部落的年龄结构与18世纪欧洲人口的年龄结构相当。

最后，狩猎和采集不需要分工。虽然少数情况下狩猎只有特定的人才能做，但大多数劳动任何人都可以做，不需要组织，不需要培训专家来承担某些特别的任务。有些部落有严格的部落规则，但从经济的角度上看，部落中的人比现代人更加自主，只需要每天收集可以满足个人需求的物品，这相当于大约四个小时的工作，并不是一项艰巨的任务。只要愿意，任何人甚至可以离开部落独自居住。例如，在坦桑尼亚北部的哈扎人中就有狩猎和采集隐士。

在社会科学领域，想要找到一个典型的例子来说明部落对个人的塑造模式，往往是徒劳无功的。个体没有地址、职业、参与的组织，甚至没有能证明个体身份的亲属。我应该是什么样的人？我想成为什么样的人？这些问题，对于狩猎采集部落中的人来说毫无意义。

在这些即时消费食物的部落中，人们也会做一些准备性工作，比如制作钓鱼竿、箭或挖掘用的铲，这些都预示着未来的活动。一个练习弓箭的孩子希望在某个时候能够去打猎，但是这种想象，不同于耗费掉大部分时间的思考旅行。还有游牧民族，虽然其日常生活中空间广度很大，但时间维度却在意识中只发挥了很小的作用。

这里所谓的意识究竟是什么样子的？这个问题仍然没有答案。到底是什么导致了今天的人们充满了对未来的想法？

时间的压迫感：我们是否被过度消耗

有时我们会体验到某种强烈的感受，在欣喜若狂或者恐惧万分的时刻，或者在混合了这两种感受的时刻。它的起因千差万别，但结果却是一样的：在那一刻，凝聚的震撼感袭来，就像一场劫难。

作为一名年轻的社会主义战士，陀思妥耶夫斯基在28岁时被沙皇尼古拉斯一世判处死刑。他与其所属的空想社会主义小组被沙皇的秘密警察——公共安全与秩序保卫队逮捕了。这之后的八个月中，他经历了审讯、失眠、痔疮和癫痫的发作，最后他和另外15名囚犯被带到校场公开处决。在那里，囚犯们被判决死刑，他们穿着白色的行刑服，亲吻十字架。他们的头顶悬挂了一把断剑，象征着他们不再高贵。第一批囚犯被绑到木桩上，行刑的士兵们给步枪上了膛，陀思妥耶夫斯基在大脑中计算着自己还能活五分钟。这五分钟漫长得看不到尽头，于是他抬头看着教堂顶部的时钟，将这五分钟又进行了划分。

他花了前两分钟和朋友们说再见；接下来的两分钟里，他想思考自己的命运：即将发生的处决，生与死之间所有的关系。他确信自己能在短短两分钟内解开这个谜团，但很快他就看着镀金的教堂屋顶陷入了沉思，欣赏着它在阳光下闪闪发光的样子。很快，他被这光芒吸引了，分明感觉到自己已经升华了，变成了一个新的人。

他最后的想法是：如果能活下来，他会希望以这种生命的强度，以这种无可比拟的力量度过余生。

陀思妥耶夫斯基没有被处决。在最后一刻，士兵停下来，宣读了沙皇的赦免令。沙皇为了威慑而上演了死刑，之后又宣布了真正的惩罚：在西伯利亚监禁四年。

陀思妥耶夫斯基又活了 30 年。尽管他努力地想用这种强度去做所有的事情，甚至经常去赌场，有时会赌光他所有的财产，但他却无法保持这种生命的强度。

要想体验到这种强度，人们不仅需要改变视角，还需要觉醒——一种真实地看待世界的感觉。通常，这种强烈的感知与特殊事件或特别的经历密切相关，例如危及生命的时刻、暴力、痛苦、疲惫或爱。

要激发对当下的感知就必须触发某些极端事件，但如今我们对这一点又有着不同的解释：也许我们天生就喜欢那些反事实的越矩行为。也许这是一种预知未来危险的进化能力，只是伴随着精神缺失的副作用。

对于过采集狩猎生活的人们来说，在"没有未来"的人生当中，那种纯粹的、可以让时间停滞的生命强度,只是曾经塑造生活的一缕微光而已。

精神分析师荣格在他的回忆录中写到,人类的悲剧将会是"更多地生活在对未来的企盼中,生活在对自己虚构的黄金时代的憧憬中,而不是生活在发展程度尚且没有达到期望值的现在"。根据荣格的说法,我们不是生活在今天的光明中,而是生活在未来的黑暗中,并在那里期待着自己所认为的日出。

然而,任何对我们"进化历史背景"的研究,任何试图解释数千年前人们如何感知世界的研究,都仍然只是推测性的,这一点无法避免,并出现了一系列很有趣的理论。

其中一个有趣的理论是,早期的人类历史是由哲学家让·格布瑟（Jean Gebser）所谓的"永恒的现在"塑造的。格布瑟是用浪漫主义的观点来解释这件事的众多理论家之一。对格布瑟来说,这种非常有限的未来视野是一种"神奇的意识"。神奇之处在于,没有"孤立的自我"这样的想法。

这些争论并非不合逻辑的。如果一个国家不记录自己的历史,没有能实现人才竞争分级的学校教育;如果人们没有职业规划,没有终生伙伴关系;没有关于要孩子、养猫或建造房屋的消费计划;没有固定的对于某个群体的归属感,那么人们如何能感受到作为个体的意义呢?然而,存在与自我之间是否完全没有关系,这个问题尚无定论。

这种"没有边际的无我"设想已经存在一段时间了。西格蒙德·弗洛伊德形容这种情况为"海洋性的"——每个人都会在童年的早期阶段经历这种情况。弗洛伊德称之为初始期,因此人们渴望回到那个阶段是一种倒退,就像孩子希望回到子宫一样。与之不同的是,荣格认为去自我的愿望是进步的,是一种对原始智慧的探索,超越了现代的冰冷的理性信念。荣格与格布瑟一起提出了这样的论点：最早的人类沐浴在高度的幸福感之中，而且这种超然的心境是真实而自然的。有时这种论点也被称为万物有灵论——一种宗教信仰的术语，人们认为自然界的一切都是有生命的。但这种论点更偏向于万物有灵论中的那些神秘存在，其不依附于任何主体和客体，与"外在"（除自己以外的其他人、动物、植物、山脉、天空和星星）和"内在"融合在一起。

其他历史学家和人类学家则认为，不强调自我的万物有灵论塑造了狩猎采集部落。淡化自我，将自己融为宇宙一部分的理论，成了一种文明。荣格和弗洛伊德的观点都属于这种文明，因为他们憧憬着人类的原始状态。当然了，猎人和采集者们也会有自己的认知，但这种自我在他们的意识中所占的比重非常小。一直到后来，人们逐渐安定了下来，开始用心去思考事情，才会逐渐使用冥想的方式或者利用某些致幻物质来使自己放下自我。此时，"人们必须释放自我才能成为真正的自己"这种假设才占了上风。

根据这一理论，计划时代之前的意识更多地以敏锐的关注力为特征。

猎人或采集者要想生存下去，必须密切关注数公顷范围中的动植物种群，必须熟悉在季节变化中植物的生长规律，并记住它们生长的地点和特征。在工业社会中，手工艺变得越来越不重要，但猎人和采集者必须掌握某些手艺，比如他们要用牛角或燧石制成锋利的切割工具，这是大多数现代人都不具备的能力。然后，他们还需要随时应对可能发生的状况：突然的天气变化、威胁生命的捕食者、昆虫叮咬、受伤和疾病。在当今社会，如果发生了这类意外状况，我们可以依靠技术或专业人士来解决，但在那个时候，每个人都得自己关注、避免或者解决这类问题。

这种敏锐的关注力本身并不神秘，像猎人和采集者一样生活的动物们也具备这种能力。但对于人类来说，它又被赋予了另一层意义——自我意识。相关的研究中使用了不同的术语来描述这种意识形式。根据美国历史学家莫里斯·伯曼（Morris Berman）的说法，我们生活在一个悖论中：一方面，我们忍受着作为个体所要面临的不安全感；另一方面，我们相信自己的个人能力。

美国人类学家沃尔特·J.翁（Walter J. Ong）称之为"世界观"，英国人类学家休·布罗迪（Hugh Brody）称之为"集中性的沉默"。人类学家保罗·拉丁（Paul Radin）以其对内布拉斯加州温内巴戈人部落进行广泛的实地研究而闻名，他对此的描述为：他们对周围环境有着非常敏锐的感知，这种感知就像在"发光"一样。这种能力既不是圣经意义上的，也不是反常性的，它更像是陀思妥耶夫斯基在等待处决时的高度紧张，又像是刚果金沙萨的姆布蒂人，他们并不崇拜更高的权力，却为了森林而活着，因为对于姆布蒂人来说，森林就是他们的整个世界。

不确定性的阴影：为何我们对未知如此恐惧

我们无法知道狩猎采集者的世界观是如何反映在他们的心理上的。对向农业社会过渡的部落的研究（包括乌干达的伊克人和北极圈的土著人）表明，在过渡的过程中自杀人数在增加，记录在案的抑郁症情况也在加剧。但总体而言，相关的研究还太少，目前尚不清楚这种变化发生的速度。早期农业社会的人可能很少会有心理问题。一位人类学家对巴布亚新几内亚的卡鲁利人（耕种为生）进行了研究，他对大约2000名成人和儿童展开了近十年的调查，以了解他们的忧虑心理，他发现只有一个违背自己意愿结婚的女人符合临床抑郁症的标准。

到了农业社会，以前并不存在的担忧也逐渐滋生了出来。农业社会中第一次诞生了保存方法，因为农民必须考虑在未来一年、两年或更长时间里可能发生的灾难，哪怕发生的可能性非常小。豆类和小麦需要储存，不仅仅是为了过冬，还因为歉收和饥荒教会了人们要有前瞻性，要有足够的库存来应对收成糟糕的年景。一直到现在，人们仍然很难对未来的收成情况进行预测。

一个懂得观察云层、会用手指伸入土壤测试的农民，和一个能够在不同区域穿梭奔跑的猎人相比，肯定拥有不同的知识和技能。猎人和采集者直接使用收集到的东西，而农民可以自己创造。无论是梯田栽培所用的排水系统、数公里长的运河灌溉系统，还是焚林开垦，农民都必须自己摸索出相应的技术，而且他们的决定会产生与生活相关的一系列重要后果。

是应该直接播种、浇水、施肥、耙、犁，还是因忌惮洪水、雨水、干旱以及其他可能发生的事情而再等等？猎人和采集者不必为做这些决定承担责任，而需要做出这些决定的社会，逐渐延伸出越来越依赖计算和专业化的副作用。

但话说回来：要做出各种决定这一点，对于从狩猎采集社会到农业社会的过渡有着决定性的意义。就像我们将看到的，这种转变不是一夜之间发生的。即使在今天，那些已经沉淀下来的各种文化之间，对时间的看法也存在很大差异。

在某些文化中，甚至没有一个合适的词汇来表达"时间"这个概念。在缅甸北部的克钦邦，"ahkying"一词表示钟表上的时间，"asak"表示我们一生的时间，"na"表示长的时间段，"tawng"表示短的时间段。那些词汇只是用于表达某种特殊的时间关系的，没有一个独立的词汇来表达时间的概念。

在北美的许多文化中，"时间"仅仅是被间接提到。苏族人在很长一段时期里都没有使用"时间"这个词，因此也没有能够表达"迟到"或"等待"的词。通常人们的时间感也受到时间衡量单位的影响，比如观察行星位置来衡量时间，和看手表来确定时间，其感受也是不同的。在缅甸的一些寺院，太阳升起就表示该起床了，而我们绝大多数人只需要看下手腕上的表就能迅速知道时间。一日之计也取决于光的运动，在欧洲，如果我们总是将闹钟定在早上 6 点 30 分，那么我们有时会在光明中起床，有时则在黑暗中起床。

这些看似微小的时间感知差异会影响注意力。例如，那些习惯通过时钟来安排自己时间的人，会发现生活在加拿大东部的米克马克很难跟随当地人的时间安排生活。当地人的时间安排按照固定模式运行，什么时候聚会，什么时候祈祷，什么时候唱歌、休息或吃饭，没有一个是按照时钟时间来安排的。在葬礼上，送葬者们协商一致就会进行下一个步骤，至于合适的时间点是什么？只能说，时机成熟时。

在苏丹的努尔人中可以观察到非常相似的现象，他们的日历是基于季节的。kur 月是他们建立营地并筑坝捕鱼的季节，当奴尔人开始建造营地和捕鱼的水坝时，kur 月就开始了；同样的，当他们拆除营地并返回自己的村庄时，dwat 月就开始了。

这样的时间框架模式之所以持续存在，并不是因为他们没有时钟。一位人类学家发现，马来西亚西北部吉兰丹的农民更喜欢使用"椰子表"。当要测量运动的时间时，他们就将一个有洞的椰子壳放入一桶水中，以椰子壳沉入水底的时间作为一个时间间隔，通常是三到五分钟。农民们也知道这种时间测量法不精确，但跟手表比起来，他们仍然更喜欢椰子表。

即使在那些最早引入时间概念的国家，对时钟的抵制也由来已久。

第一个日晷大概是 3500 年前被发明的，当时的人们开始利用自然现象来标记时间（例如日出和日落），主要用于提醒人们集会的时间点。日晷只能为"准时"这个概念进行宽泛的定义，就像古希腊人所说的那样，"追逐阴影"仍然不是精确的方式。此外，用日晷的时间来安排日常生活，实际上会受到云层和黑夜的条件限制。

在文字记载中，人类历史上的大部分时间都是使用白天日晷加晚上水钟的方式来衡量时间的。水钟是用滴水的方式来计时的，但开口可能会被阻塞或扩大，从而减缓或加速水的流动。尽管有这些不足，水钟依然作为一种计时工具，在很长的历史时期内都占据了主要的地位——从古希腊时期直到 18 世纪，后来它被摆钟所取代。

机械表的历史就相当丰富多彩了，但这个设备是如何成功地构建起我们的生活模式的，至今仍然是一个谜，毕竟在此之前还没有其他计时设备能做到这一点。第一批时钟没有表盘，仅仅能够发出声音信号，在祈祷的时候就会响，仅此而已。如今，钟表时间已经超越了所有其他的计时方法。

2014 年，科罗拉多州美国国家标准与技术研究院宣布，他们建造出了一个原子钟，可以显示未来 3 亿年的时间，精确到秒。仅仅四年后，该研究院又以"宇宙的寿命"（估计为 140 亿年）为标题宣布新原子钟的诞生，并声称它连一秒的差错都不会存在，这一消息迅速占据了各大新闻头条。天体物理学家史蒂芬·霍金指出，现在的计时方式已经达到了最精确的程度，连距离都可以用时间精确地测量出来（一米是光在真空中 1/299 792 458 秒内传播的距离）。

这场时间的技术革命举世震惊，但机械表在历史上很长一段时间里一直遭到怀疑和抵制。19 世纪前，时钟时间都被认为是对自然时间的拙劣模仿。重要的会议、决斗和战斗仍然被安排在日出的时候，钟表仅仅被作为一种技术性装饰品——很好看但没有实际用处。所以说，当时时钟的普及不是受到技术的限制，而是受到社会意识的限制。尽管当时时钟越来越流行，但并没有被用来对事件进行标准的测量，每个家庭都有自己衡量时间的方式。

随着工业资本主义的出现，时间同步开始变得重要。贸易越来越复杂和多样化，铁路运输需要时间同步化的新技术。一段时间内，在瑞典"铁路时间"和"当地时间"并存，它们都显示在车站时钟的不同表盘上。哥德堡和斯德哥尔摩为谁该代表瑞典的官方时间而进行了一场拉锯战，最终处于两个城市之间的阿斯克松德获胜。1879年，它的地方时间成为瑞典的官方时间。

在其他国家，这个同步化过程所需要的时间更长。1860年左右，仅在美国就有70个不同的时区，1880年只剩下50个，时间标准统一化遭到强烈反对。

1884年，引入标准化时间后不久，查尔斯·杜德利·华纳（Charles Dudley Warner）在《哈珀》（*Harper's*）杂志中表达了担忧，他觉得时间可能会对生活产生太大的影响："将时间划分成固定的部分意味着对个人自由的侵犯，根本不考虑个体之间性格或心理的不同。"

钟表变得越来越流行——从塔钟到客厅里的装饰钟，再到怀表，最终被戴上手腕，在这个过程中对它的批评声也越来越大。20世纪初，德国作家西吉斯蒙德·冯·拉德基（Sigismund von Radecki）将手表称为"时间的手铐"，而更早200年的时候，乔纳森·斯威夫特（Jonathan Swift）就在《格列佛游记》中，通过故事的主人公格列佛在小人国厘厘普宣布，钟表是很神圣的，格列佛在做任何事情之前总是先"请教"它。

对于钟表最主要的批判，是担心它会令我们远离自然的节律，而自然的节律是基于昼夜、冬夏、生死的自然节奏的。如今我们可以确定，人们对自然的节律的感知总是会存在一些差异，比如，安达曼印度群岛的土著人日历是由树木或花朵的气味主导的，与阅读手机屏幕上显示的时间相比，这需要更多的感官感受。

奇怪的是，钟表时间似乎与人们的经验毫不相关，尽管我们已经伴随着钟表时间生活了很久。绝大多数人没有养成关于时间的第六感，不知道

87

时间过得有多快，人们经常误判时间，而且误判的程度各不相同。例如，躁狂症、反社会型人格障碍和偏执型精神分裂症患者的内心时钟似乎走得更快，而焦虑症、抑郁症和非偏执型精神分裂症患者的内心时钟似乎走得更慢。

几次实验的结果表明，与狂躁的人相比，忧郁的人要多得多，所以我们总是相信时间流逝得比实际要慢，还慢得特别多。法国地质学家米歇尔·西弗尔（Michel Siffre）很早就进行了一项亲身实验，他在地下 115 米深处的洞穴中呆了两个月。实验结束时，他在日记中写道，他失去了对时间的感知。当他的工作人员通知他两个月已经结束时，他估计自己才刚刚在地下度过了第 34 天。

在其他实验中也可以发现类似的感知，参与实验者觉得时间流逝变缓慢了。在一项研究中，参与者被安置在没有窗户的隔离房间里一到四个星期，研究者会定期询问，他们认为已经过去了多长时间。最后研究者得出结论，参与者们认为的 1 小时，实际上平均值是 1 小时 28 分钟。

时间是一个抽象的单位，我们需要用辅助工具才能感知它。我们也不再能够从自然中去感知时间，而是要从最近的屏幕或钟面上读取它。即使每天的节奏和季节等周期性元素总是能够具体地反映在时钟和日历中，我们的感知仍然很迟钝，觉得时间比这些具体的记录更加抽象。

时间是线性发展的，未来就像一条在我们面前不断延伸变化的直线，充满着不确定性和风险，而它怎么延伸，取决于我们的决定。

寻找内心的平衡：如何面对不确定性

爱丽丝找到了出路。她与伴侣分手了，开启了新的生活和新的未来，又重新拥有了值得期待的事情，但她也注意到自己开始像父母那样去安排时间了。她说，自己的一天都是被划分好了的——"分成四个等份"，任何迟到都让她感到焦虑，不管这种迟到是自己的责任，还是火车晚点的责任。

"那是一种真实的感觉。迟到时我会产生幽闭恐惧症，就仿佛被时间困住了，对自己的人生没有半点掌控。"

即使在休闲的日子里她也会做好计划，想尽可能多地利用时间。一旦日子无忧无虑，没什么特别的计划或项目，到晚上时她就会觉得虚度了光阴、浪费了生命。不一定是自己原定的计划，即使是围绕着某个临时计划去度过一整天，她也会获得满足感，这很奇怪。

"我喜欢改变我的计划，这会产生一种非常柔软和温暖的感觉，蔓延我的全身。但决定必须是我做出的，如果计划是因为公共汽车或我自己的迟到而不得不改变，就只会增加我的压力。"

无论时间对生活有多大的影响，我们仍渴望某种自由的感觉。

有很多证据都表明，这种矛盾从一开始就存在。人类学家詹姆斯·C.斯科特（James C. Scott）解释说，有针对性进行播种的人群，在很长时间里都没有安定下来。从种植意识的萌芽，到全球农业化，耗费了大约4000年的时间。在这漫长的时期里，有许多人反对定居生活，他们逃离自己定居的地方，或者以其他方式拒绝这种生活。

这种拒绝持续了很长时间，即使拒绝者清楚地知道，有针对性的栽培是一种持续的供给方式。在对桑族人的一项研究中，研究人员被当地人反问："世界上已经有这么多蒙共果（一种坚果）树，我们为什么还要种植它？"

这些问题在前工业化社会中更加突出。1753年，本杰明·富兰克林在书中描述了被绑架到美洲原住民族群中长大的白人儿童，在回到本属于自己的地方后感到不适应："在回归初期，他们无视我们的生活方式，不接受我们对好坏判断的价值标准，然后趁机又逃进了森林。"

如今，大多数人都不再具备丛林生活所需要的体力和技能，更不用说现代森林的面积已经大大缩小了。我们生活在自己强加给自己的未来中，在工作、家庭生活和食物方面有着无尽的选择。即使我们想回避这些问题，最终也必须要做出各种决定。

或许，我们对一件"荒谬的事"做出决定，比对一件"不可能达成的事"做出决定更容易，因为后者已经远远超出了我们个人能力的范畴。事实上，真正使我们没有安全感的决定，是那些我们理性、自主地做出的决定。因为当人们确定了"自己"是谁时，思想的旋转木马才会开始转动。

在某些文化中会出现反对未来技术的声音。一个例子就是阿尔及利亚北部的沿海山区卡比利亚，法国社会学家皮埃尔·布尔迪厄（Pierre Bourdieu）从 20 世纪 50 年代后期开始在那里进行了为期四年的实地研究。尽管前景良好，且农业化发展程度使很多风险都在可控范围内，但生活在这个区域的人们还是对密集的计划性生产抱有深深的怀疑，甚至可以说是敌意了。对计划的理性讨论会惹恼这里的人们，如果有人过度计划，并且言语之间透露出对未来的影响和控制，这里的人们就会说："他以为自己可以与上帝平起平坐了。"

如果有人想要通过计算分析来消除未来的不确定性，会被视为是软弱的或傲慢的。任何形式的计算分析都是值得怀疑的，不仅仅是关于收益增长的分析。他们甚至认为，参加会议的人数不需要提前确定，播种的数量不需要提前称好，他们也不会数小鸡和鸡蛋的数量。

如果这样做，怎么能成功耕种？影响收获量的重要决定要怎么办？在布尔迪厄看来，这简直是一种基于传统的"信心"，人们储存多少饲料仅凭过去的经验，而不是基于理性和经济做出决定。居民们坚定地信奉前几代人所传授的经验，以及他们整个社会都认可的教条，任何一个不顾传统而去计算分析的人都被认为是没有信心的。那些期望未来产量增加的人，不仅不尊重未来，还欺骗了整个社会。

也许这种对未来的公开抵制是非理性的。然而不只是哥德尔，我们都会看到一贯理性中固有的非理性。也许人们不得不接受未来的不确定性，但因为没有足够的时间提前计划要做的一切，只好遵循带有既定指示的"传统"，而不是去冒险。

在社会中，接受不确定性的程度各不相同。当整个社会都认同时，卡比利亚人不愿影响未来的意愿也没什么不妥。但在一个更倾向于最小化风险和最大化机会的社会中，当人们通过有计划的农业耕作取得成就之后，未来视野就开始逐渐扩大。

这个卡比利亚模式也可以在西方历史中找到。例如，最早赚取工资的工人认为积累大量金钱毫无意义。几个世纪以来，人们普遍信奉的原则是赚取足够的钱谋生就可以了，不需要更多的钱了。

在14世纪，当瘟疫在欧洲肆虐时，这种工作态度导致劳动力明显短缺。在这种工作态度下，工人的自由和资本家的自由在某种程度上是一致的。在14世纪之后的历史时期，这种特殊情况往往促使工人们协商更高的工资，但当时工人争取的重点还是更多的空闲时间。宗教信仰在工人中盛行，越来越多的神圣节日成为公共假期。

直到工业化初期，欧洲的工人阶级在面对未来时，似乎都表现出与卡比利亚农民相似的态度。德国社会学家马克斯·韦伯（Max Weber）详细描述了这种情况：当传统工人面临资本主义对其劳动持续的、饥渴的剥削时所产生的抵抗。

"今天的女工，尤其是未婚女性，常常呈现出落后的传统工作形式。"他写道。然而，"落后"并不一定是消极的："特别是，她们绝对缺乏能力和意愿去放弃传统的工作方式，转而学习并支持新的工作方式。这是雇用女孩尤其是德国女孩的雇主们普遍都有的抱怨。当与她们探讨转变工作方式、提高效率、让工作更轻松高效的可能性时，通常会遭到她们的不理解，即使是增加计件工资的方法也不管用。问题只会像皮球被踢到习惯这堵墙上一样，被反弹回来。"

值得注意的是，提高工资并不能激励工人们投入工作。韦伯观察到，与更高的工资比起来，传统工人对增加空闲时间更感兴趣："赚得更多不如减少工作量更让他们感到兴奋。"

再具体一点说，这意味着当工人认为自己赚到了足够的工资，在短暂的未来不愁生活时，就不想工作了，工厂会暂时变空。

"在任何形式的资本主义扩张中都可以观察到这样的现象。"韦伯写道，"人们并不是天生想要赚钱，想要赚更多的钱，他们只想简单地活着，按照自己习惯的方式生活，并在这种情况下去获得尽可能多的东西。现代资本主义无论想从哪方面着手，去提高工人工作强度，从而进一步提高生产率，都会遇到这种在前资本主义时期已经成为主旋律的无尽抵抗。"

现在，韦伯所说的这种"本性"发生了如此大的变化，以至于大家会感到惊讶：居然会有人对即将到来的失业风险视而不见？

在回答这个问题时，先要看看传统的欧洲工人与桑族人的区别。桑族人现在仍然生活在纳米比亚以狩猎采集为生，而传统欧洲工人的抵抗力再强，也还没有到足够强的程度。

第 5 章

祛魅：现代社会的幻灭感

思考过去原本可能发生的事情，思考未来有可能发生的事情，这都是对于两个因素之间等式的扩展：原因和结果。

原因和结果是自然科学术语，或者说是科学术语。数百万年以来，它们帮助人们了解一切——从细胞分裂到大陆漂移。原因和结果也使对风险的计算成为可能，而人们的担忧总是源于对因果的分析。

有时我们会觉得，生活不过是一串无情的多米诺骨牌，按因果随机排列；有时又仿佛一切都被一台机器按照它自己的规则操控着。如果我们自己只是一台生物机器，被更大的自然机器操作着，是否一切都变得毫无意义了？

我们都记得童年时觉得世界多么巨大，多么神秘；而现在，世界怎么会变得如此苍白，没有灵魂？这令人灰心丧气。

100多年前，社会学家马克斯·韦伯提出了一种思想，从此成为社会学中最具争议的话题之一，他称之为祛魅。

无力感：自我效能感的集体消弭

重要的是先了解韦伯本人是一个多么焦虑的人，他的一生中充满了各种不如意，直到最后一刻他都在为应对自己的隐私生活而苦苦挣扎。作为一名年轻的教授，韦伯和他的妻子玛丽安租住在一套公寓里，他们楼下的一家人对这对夫妻充满好奇，总是观察他们的一举一动：晚上韦伯回家后会用鞭子抽打沙发垫，而玛丽安则站在一旁尖叫。很明显，这对夫妇将韦伯殴打妻子的谣言当成笑话，在弗莱堡这个被严格天主教控制的地方传播开来。

许多相关传记中都省略了这个笑话。马克斯·韦伯夫妇因为韦伯身体的原因，在27年的婚姻生活中一直过着无性生活，韦伯夫妇的婚姻生活被认为是不幸福的。

也许将韦伯与另一位有神经问题的学者拿来比较是多余的，但韦伯的特殊之处不在于他的问题本身，而在于他处理这些问题的方式：与我们已经知道的偏执狂库尔特·哥德尔相反，韦伯是一位自我反省大师。他所经历的一切，都被他拿来投入到对焦虑的研究中去。他的解释冗长而可怕，并且受到了19世纪后期"所有心理健康问题都是由神经引起的"这个学说的影响。

今天的历史学家发现，在那个时代，人们很希望摆脱诸如担忧等性格特征。例如，玛丽安曾以烦躁为由拒绝客人到家里去，她辩解道："很遗憾，我家的男士总是精神烦躁，很难允许别人来家里。"

韦伯有时在信中用"恶魔"来代替"烦躁"，两者具有相似的目的，不同之处在于"烦躁"一词带来的负面影响较小。因为，与"恶魔"不同，"烦躁"没有自己的意志，更像一场小小的自然灾害。

韦伯夫妇将阳痿归类为神经问题，并没有将其判定为破坏家庭关系的罪魁祸首。他们一起记录了韦伯的夜间遗精，韦伯称之为"污染"，他们确信这与睡眠问题和四肢无力有关。玛丽安在和韦伯母亲之间的密切通信中详细描述了韦伯的问题。多年来，玛丽安事无巨细地与婆婆交流了韦伯的麻烦事。

他们讨论了很长一段时间，包括精神病学经历，以及是否能够通过阉割来解决问题——这个想法韦伯自己也一直关注着（因为那时他了解到，18世纪俄罗斯的斯科普森教派将其作为救赎的一种方式）。经过慎重考虑他们放弃了这个想法。"因为那样的话，可能会出现另一种弊病来取代污染。"玛丽安在给婆婆的信中写道。

后来，年轻的韦伯教授在工作中遇到了问题，他说话越来越困难，出现了神经质和妄想症，觉得自己在讲课时脸上戴着猴子面具。父亲去世后不久，34岁的韦伯就精神崩溃了，五年的时间里他都不能工作，被迫辞去教职。直到20年后，他才能再次走上这个岗位。

韦伯的崩溃使人们对禁欲主义有了新的认识，从那时起，这种思想作为一种社会诊断一再出现在他的作品中。在很长一段时间里，他都认为放弃生活的乐趣，并全身心投入知识研究是对自己的救赎。

在给玛丽安的一封信中，他写道："这么多年来，被最令人厌恶的事情折磨着，我担心自己会患上严重的抑郁症。然而我没有患上抑郁症，但我又觉得自己肯定有抑郁症，因为我的神经系统和大脑负担过重，无法安静下来。除了工作，我拒绝了所有对大自然的需求，因为我非常不愿意让自己的工作出现明显的中断。"

韦伯的担心变成了现实，他在大学的假期抑郁症症状全面爆发，这个时候他就想为了将"魔鬼"困在棋盘里面而努力工作的状态是多么健康。当他全面崩溃后，他这样描述自己的感觉："我感觉有一双紧握着自己的冰冷的手，终于松开了。在过去几年里，我在学术工作上的狂热和高强度像一个护身符一样支撑着我……我需要屈服于工作的奴役下,而现在,这种感觉消失了。"

对于韦伯来说,全面崩溃导致了一场觉醒。突然间,他看到了无处不在的痛苦,尤其是学术上的遗憾所带来的痛苦。精神焦虑的问题在韦伯同时代的学术界人士(都是男性)中很常见。哲学家海因里希·里克特(Heinrich Rickert)患有幽闭恐惧症,总是需要有人陪伴;精神科医生卡尔·雅斯贝尔斯(Karl Jaspers)患了面部痉挛,虽然经过一段时间治疗他已经重新学会控制面部肌肉,但脸上的表情从此之后始终处于紧张状态;艺术史学家卡尔·诺依曼(Carl Neumann)患有严重的抑郁症,甚至多次企图自杀,不得不反复接受精神病治疗;大西洋彼岸的威廉·詹姆斯(William James)掀起了现代心理学的彻底性变革,然而他本人却像韦伯一样被诊断患有无法治愈的"神经衰弱"(当时比较流行的诊断病症归类,抑郁和焦虑都被归为此类)。

此后,韦伯的态度转变了,他经常私下里拒绝过于繁重的工作。在许多信件中他都告诫自己的朋友们,要当心脑力消耗过度,因为那样很容易导致精神崩溃。他在信中写道:"那经常会以自杀而告终。"

在给社会学家罗伯特·米歇尔斯(Robert Michels)的一封信中,他详细告诫了对方,想渡过难关该怎么做:"在一年之内远离所有的出国巡回演讲,远离所有令人感到仓促的工作,每天晚上9点30分就上床睡觉,夏天时不要携带书籍去德国森林孤身一人度过几星期长假(不要携带任何书!)来进行休养放松(施佩萨尔特:三到四马克的度假屋),一年后,你就会知道自己还剩下多少工作能力。"

时间一天天过去,伴随着这种觉醒,他越来越严格地控制日常活动,特别坚持自己的想法:白天任何形式的刺激都会导致晚上失眠,这是生活对自己的报复。这些刺激可以是任何事,从呼吸新鲜空气到结识朋友。韦伯的计算很详细：在树林里散步会导致他失去四分之三个夜晚，在自己姐姐的婚礼上举杯，他会损失整整三个夜晚（这就是他谢绝参加姐姐婚礼的原因）；当他为逃离德国漫长的冬天而在罗马休养时，他会很高兴有人前来探访，但同时他也向妻子抱怨道"如果不是总在晚上遭受失眠的报复就好了"。

他每天都服用大量安眠药和溴来作为镇静剂，这样才能够应对自己的日常生活。在很久之后，他抱怨身体的一切，包括自己的感觉，都是陌生的，他唯一依赖的是自己"冰冷的大脑"。他说："多年来，我经常需要大脑这个冰箱作为最后的救命稻草，因为在我生病的时候（甚至可能是更早以前），它至少在'纯粹地'对抗那些与我玩游戏的恶魔。"

不幸的是，他过了很长时间才明白，长期以来实际上都是大脑在欺骗自己，远远超过所谓的恶魔和神经焦虑。

这种认知在他的社会学作品中留下了痕迹。现代人就像被大脑操控的机器人一样，狂热地相信学术代表正确的一切，这是韦伯在做社会分析时反复提到的理想型状态。

此处有必要留意一个问题：韦伯并不是学术的敌人。直到生命的最后一刻，他都将学术，尤其是中立的学术视为自己的使命。然而，他却发现这些学术"毫无意义"，虽然它们声称可以解释世界，但却没有为人们最关心的问题提供答案，例如："我们应该做什么？我们应该怎样活着？"

在他最后的一次讲座中，韦伯问道："除了几位'大孩子'，在座的还有哪位到今天仍然相信，通过自然科学的研究与探索，通过诸如天文学、生物学、物理学或化学领域的学术成果，可以让我们明白世界的意义，或者可以让我们明白，通过什么样的方式才能追踪到这些所谓的'意义'——如果它存在的话？"

在这次讲座中，马克斯·韦伯提出了这个论点：现代社会导致人与世界之间的裂痕越来越大。虽然第一批农民将自己视为大自然循环运转的一部分，并将此视为自己出生时便被赋予的人生目标，但现代人却出生在一个充满了财富、知识、危险和问题的世界中，这些因素都还在不断增加，令人疲于应付。现代人可以"厌倦生活"，但永远不会达到"饱和的生活状态"。正因为人们的生活永远无法达到饱和阶段，因此永远不会觉得生活是充满意义的，一直到确定无疑的死亡到来。

意义的丧失让我们迷失在有关存在的问题上：我们应该做什么？我们将如何生活？同时，世界也在更深的层面上躲避着我们，作为个体的我们对世界的了解也越来越少。韦伯拿开车来举例：除非我们自己是机械师，否则我们对汽车的工作原理知之甚少，甚至不需要了解它。当我们需要帮助时，就会掉转方向盘将车交给专业人士去处理，就像我们在自己擅长的领域帮助其他人一样。实际上，我们只了解这个小小领域中的一小部分。

"野蛮未开化的人，"韦伯说，"相比之下，他们知道的要多得多。"

关于祛魅的这些观点都片面化了，忽略了很多实质。祛魅并不意味着发现一个单一的真理，并在此基础上就可以绝对肯定地驳斥所有神的存在，或驳斥万物有灵的想法。这种做法没有给我们任何关于生命意义的解释。

从根本上说，祛魅意味着"了解它或相信它：如果你愿意，你可以随时体验它，原则上没有神秘的、不可预测的力量在背后操纵，原则上人们可以很大程度上通过计算掌握一切"。

这种祛魅是基于一种信念，即世界是可预测的，是由因果关系控制的，由万物背后的机械定律控制着——从引力场，到白蚁的群体行为，再到人类的各种行为，都是由这些定律控制的结果。

原则上，以这种方式来理解世界是不够的。任何研究天体物理学或神经生物学的人都明白，在我们公布某个平行宇宙运作规律，或者大脑中不同意识形态的存在规律之前,都需要做"进一步研究"。经历了祛魅却依然无法用经验来解释的事情,也能通过因果关系推论出来:没有哪一样迄今为止尚无法解释的事物,包括意识或自由的意志,可以在没有机械定律的情况下存在。

是的,在一个祛魅的世界里,连人们内心的齿轮也随着宇宙的因果关系而转动。与此同时,人们还能通过技术创造出比因果关系的推论更具优势的成果,这让事情变得有点复杂。当人们试图将自己当成机器对待时,有时也会对祛魅感到失望,韦伯自己的经历就证明了这一点,包括他用来控制焦虑的一系列复杂的推算。但正如韦伯夫妇在信中一再提到的那样,似乎科学也无法帮助像韦伯这样的人。这对夫妇无法停止对日常精神刺激的记录,并自己计算所需安眠药的剂量,然后还将夜间遗精和失眠联系起来。

很遗憾,许多批判韦伯的人都忽略了一点,即正是在机械论的世界观中,在一切都受因果关系控制的假设中,祛魅才会发生。许多研究都围绕着"复魅"的话题展开,尤其将关注点投向有信仰宗教的人群,那可是在全世界人类中占有很大比例的。然而,韦伯的祛魅与严格意义上的宗教无关。

韦伯认为世俗化①只是祛魅的众多表现之一,实际上它也起源于宗教,更准确地说,起源于新教内部更具决定性的流派。韦伯对历史的分析中,这一点是最有争议的,那些批判的声音可以简要概括为一句话:韦伯的思想史开始得不够早。

---

① 即与宗教分离。——译者注

焦虑的狂欢

失去自我：机械化生活如何吞噬我们的独特性

　　与机械论世界观紧密联系的天文钟塑造了现代人的时间观念。为了系统记录天体的运动，中国和阿拉伯国家在西方进入文明时期前几百年就制造出了天文钟，作为对行星运动的模拟。当欧洲人开始制造天文钟时，迅速对自己创作出来的模型产生了高度的热情，突然就坚定地认为，宇宙像他们的模型一样在机械地工作着。

　　这一突然的转变发生在 17 世纪。1605 年，德国天文学家约翰内斯·开普勒（Johannes Kepler）写道："像机器一样运行的天体，不是一种神圣的有机生物，而是一种像时钟发条装置一样的东西。"这种新的世界观还需证实，但开普勒为什么要将有机体和机器区分开来呢？

　　这种区别的本质在于，人们是否认为自然是有生命的。有机体是有生命的，有自己主动追求的目标。在 17 世纪之前，人们理所当然地认为宇宙是有生命的。根据亚里士多德的说法，星星是众生的一部分，是有主动性的。16 世纪，磁学先驱之一威廉·吉尔伯特（William Gilbert）写道："我们假设宇宙是有生命的，所有行星、恒星甚至壮丽的地球从一开始就有着自己的灵魂和兴趣，这些都由它们自己掌控。"

　　哥白尼宣布宇宙的中心不是地球，掀起了天文学领域的变革。他认为宇宙是有生命的，为了证实自己的论点，他既使用了科学的理论，也使用了神秘主义的理论。例如，太阳的中心地位解释了为什么那么多民族和部落将太阳奉为他们的神。在机械论占据统治地位的时代，像大卫·休谟（David Hume）这样的哲学家挑战了以因果为导向的机器模型："所有的从这个历史观点中可能产生的反对意见都先撇开，我认为宇宙的另一部分（除去人类发明的机器），也就是动物和植物的部分，与世界的结构表现出更大的相似性，并且借助这部分可以对整个宇宙系统里万物的起源进行更有根据的猜测。世界显然更像是动物或植物，而不是时钟或织布机。"

尽管受到了批评,但机器从构建模型到真正问世,更多是由于技术进步而不是科学进步。当第一台真正的、举世瞩目的机器被制造出来时,它成为科学胜利的象征,科学用它展示了自己的力量。这些机器使抽象的数学计算能够精确地运行,这可是自然界的事物无法做到的事情。机器证明了科学定律的有效性,表明了时间、力和运动都是可以被计算的,技术的发展在几十年前被视为奇迹。

这些杰出的技术发明让人们逐渐相信,宇宙是像机器一样在运行的,整个社会已经被工业化改变了。这种信念如果放在太阳系层面,则几乎没有任何阻力;但放在今日被称作"有机体"的动植物层面,情况就变得复杂了。

这时必须提到一个人,那就是说出"我思故我在"这句名言的哲学家勒内·笛卡尔(René Descartes)。在开普勒宣布行星的机械运动后不久,笛卡尔表示地球上的所有生命都有其机械系统。作为一个传统的科学家,他习惯采用经验式的研究方法,并且对心脏、消化和呼吸的自动过程尤其感兴趣。这些过程不就证明了身体的机械性吗?

为了弄清这件事的真相,他开发了一种既伟大又惊人的方式:解剖活狗以观察它们的内脏。这种活体解剖看上去很残忍,但笛卡尔在这件事上并没有道德包袱。笛卡尔的一个疑问是:如果人们能造出一台机器来替代猴子或其他非灵长动物的器官和身体结构,那么这个机器是否具备与动物相同的自然属性呢?他还认为动物的疼痛感与机器的疼痛感一样——简而言之,它们都没有痛感。

机械唯物主义几乎被认为是自然科学的同义词,但人们不应该忽略一点:它也有宗教上的起源。笛卡尔仍然是一名基督徒,他描述了自己是如何在 1619 年的时候从机械论世界观中获得启示的。在他的理论中,他明确地将肉体贬低为机械的、已死的,但除了这些物质存在,还存在着人的灵魂，他称之为"理性灵魂"，是人类所独有的。凭借这种灵魂与物质的二元论，笛卡尔证实了基督教中人类优于其他动物的观点。至于理性的灵魂究竟如何移动机械的身体，他还没搞清楚，但他对此做了个假设：它们的信息在松果体中相遇，并由松果体将二者联系起来。松果体是一个位于大脑中心附近的豌豆大小的器官。

即使在今天，机器仍然被认为是生物模型，不得不在年复一年中经历一系列改进来应对各种危机并求得生存。自从天文学家弗雷德·霍伊尔（Fred Hoyle）提出了世界膨胀论以来，天文钟就被证明是一个有问题的宇宙模型；同样的，笛卡尔的机械有机体论也无法与后来的查尔斯·达尔文（Charles Darwin）的进化论抗衡，后者认为动植物会适应不断变化的环境条件，从而创造出新的物种。

尤其是，上帝创造了机器动物群的观点，与达尔文在自然界中观察到的创造力格格不入。机器总是由别人创造的，但有机体最终会自己改造自己。机器无法自我修复，它不会像动植物那样以细胞的形式出现，随后成长并成熟，发展新的结构，再进一步繁殖。此外，动物和植物们还可以发展出新的特征，这有可能会导致新物种的出现。

达尔文还特别指出，不是只有人类才有意识，高等动物都有意识，只是程度高低不同，其他并无根本性的差异。

和同时代的其他生物学家一样，达尔文也认为，生物的特征和行为是一代又一代遗传下去的。达尔文列举了很多例子来证实，动植物为了适应环境而形成的特征是如何遗传给后代的。其结论是：通过习惯、意图和目标——这些都是可以归为意识的一切，说明意识也在动植物当中存在。

在20世纪40年代，进化论的这一部分被进行了修订，在"生物从父母那里继承了不变的基因"后面加上了一句"除非发生随机的突变"。有了这个理论（后来被实验胚胎学进一步复杂化），创造有机体的理论就从进化论领域中消失了。

"自然界中的所有创新和创造都是基于偶然性的。"诺贝尔奖获得者雅克·莫诺在其著作《偶然性与必然性》中写道。万能的工程之神被幸运女神福尔图娜取代，有机体再次成为受外部力量影响的机器，尽管是变化无常的。

纵观人类历史，宗教和无神论者一直在重复这种机械论的世界观。但不可忽略的一点是，人类意识和动物意识之间的差异问题始终困扰着思想家们。

一个例子是卡尔·马克思，他坚持认为只有人类才能进行创造性的工作。他发现人类的工作中，除去最早、最原始和最本能的那些形式，都是基于意识的过程。人类会先萌发一个念头，然后根据他们的这个设想来塑造世界。

另一方面，动物的工作是基于遗传的本能："蜘蛛执行类似于织布工的操作，而蜜蜂建造蜂巢的本领使许多人类建造者自愧不如。但首先，从一开始就将最差的人类建造者与最好的蜜蜂建造者区分开来的，是人类建造者在建设之前先在头脑中构造出了要建的房间。"

人类与动物不同，他们是可以远离大自然的。当人类的工作变得不自由时，是他们自己主动远离了自由，这是由物种决定的。换句话说就是：实际上动物是不自由的，因为它们必须遵循自己的本能；而人是那么自由，可以按照自己的想法塑造世界。

动物认知的研究领域在第二次世界大战后吸引了越来越多的研究人员，时至今日研究成果已经足够丰富，并可以肯定地说，马克思的"动物缺乏自由"的观点是错误的。

例如，跳蛛就符合马克思关于创造性工作的标准（在"头脑中"先构建一些东西），显然它了解其他动物的思维过程。尤其是当它引诱同类进入自己的网中并吃掉它们时，这一点体现得尤为明显：在网上制造干扰性振动来测试目标猎物的反应。并不是所有跳蛛都很擅长这个，这是它们需要修炼的技能。能够掌握这种技能的跳蛛，随着实践次数的增多，会操作得越来越好。

可以反驳马克思的第二个例子是关于蜜蜂的，今日也有新的发现：我们知道蜜蜂和其他膜翅目不仅会尝试用新的方式来建造蜂巢，甚至还会相互学习。达尔文很早就推测，蜜蜂从大黄蜂那里学到了一些东西，这一点已经被证实了。如果一只蜜蜂找到了一种新的可以更好地采集花蜜的方法，那么这种新方法也将被传授给整个蜂群和后代。

在澳大利亚，人们观察到短头黄蜂是如何修复它们的漏斗形巢穴的。研究人员以一种大自然中不会出现的方式损坏它们的巢穴，比如从中间打穿巢穴，或者在上面戳洞，或者在里面放其他短头黄蜂建造的另一个巢穴。每次短头黄蜂都会停止正在进行的工作，来修复它们的巢穴或构筑新部件。

灵长类动物学家弗朗斯·德·瓦尔（Frans de Waal）的研究则提供了许多更令人惊讶的例子，来展示实验室中的动物如何解决问题，如何学会操作机器，这些都无法追溯到遗传的本能。德国民族学家卡斯滕·布伦辛（Karsten Brensing）认为，在同一个物种中，动物会根据实践经验发展出不同的做法。例如，某些地区的乌鸦会将坚果丢在街上，等待车辆从上面开过去，红灯一亮它们就啄起裂开的坚果。虎鲸已经进化出了新的行为模式，在遇到危险的时候，会优先考虑采用新的行为模式，比生存战略还更加优先。

我提这些并不是为了反驳机械论的世界观，而是提醒人们，对大自然的祛魅，并不是因为科学知识已经对此进行了逻辑论证；同样的，人们用机械论来理解这个世界，也不是被盖棺定论的结果。

技术与人性的博弈：我们是否成了机器的附庸

人们是否相信自己的活动遵守机械定律及相信的程度有多高，因文化的差异而有所不同。与中国、日本或韩国相比，西方国家的人们更重视因果关系中的结果，他们用来解释某个事件的原因会更少。这已经通过一系列社会心理学实验得到了证明，也可以从历史课的结构中看出。例如，日本的历史授课更偏向于将历史人物嵌入时间背景，让学生了解这些历史人物在不同的情况下有什么样的行为方式；在美国，历史授课更倾向于直接列出原因："奥斯曼帝国灭亡的三个决定性原因是……"

回头讨论原因很容易，但预测未来的走向却很难，这一点众所周知。因此，即使我们对经济危机和社会危机的原因越来越了解，但当危机真正发生时，我们还是措手不及。这就是为什么历史学家和社会学家很少使用机械模型。但当我们观察个体及其意识的时候，观察的单位片段越小，所使用的学术方法就越机械化。

物质是如何接收意识的？这个问题是澳大利亚哲学家大卫·查默斯（David Chalmers）所谓的意识哲学"难题"。迄今为止都没人知道这是怎么发生的。

想要查明这个问题很困难，我们只能通过自己的意识去判断。例如，我感觉自己可不仅仅是一个机器人，毕竟我可不是只能按照大脑中某种多米诺骨牌神经预先设定的指令行事。当我正在读一篇论文时，觉得论文中的经验对我来说是无效的，但我之所以对其做出无效的判断，也是出于这种神经多米诺骨牌的预先设定，让我认识到自己不仅仅是一个机器人，我还可以在相信"自己的经验"和"论文的说法"之间进行选择。经验和论文都是在意识上进行传达的，相信论文的人，正如几位哲学家所明确指出的那样，表现出对权威的极端信仰。但我比机器人拥有更多的意识，我也比机器人拥有更直接的经验，为什么要去相信别人用他们的意识发展起来的机械理论呢？

看看随着时代的发展层出不穷的机器，再看看人类，他们总是与所处时代中最具代表性的技术相似，但机器是如何影响自我的呢？笛卡尔提出了关于人的二元论，这个理论曾经盛极一时：身体被视为一个环环相扣的工厂，在"身体"这个机器的头部，有一个小小的人，他操纵杠杆来控制人类工厂。在20世纪40年代，这种小人经常被比喻成大脑中的电话总机，在人类发明飞行器之后，人们又觉得把小人比喻成飞行员更合适。但是用迷你飞行员来比喻操纵大脑的小人不太合适，因为迷你飞行员还需要一个在他大脑中的迷你飞行员来引导自己的行为，依此类推无穷无尽。但尽管如此，直到今日仍然存在着这种迷你小人的比喻。

18世纪电学作为一种科学出现，此时神经学开始成为研究人类机器的核心要素。神经是有知觉的自我的触须，它决定了人类的敏感性。正如无精打采和沮丧这些感受，在今天都被归类于大脑的感官，就好像这个"大脑"与我们自己的大脑不同。同时神经系统也发挥着类似的外在影响，正如我们在韦伯夫妇身上看到的那样。人们还认为神经因人而异，上层阶级人群的神经被认为是细腻和精确的，因此他们更适合从事艺术、科学和商业。

如今计算机已经成了人类机器的代名词。有了它，记忆的容量变得最大化，连遗传密码也可以被理解为已经预编程好的软件。与迷你飞行员的比喻类似，我们有了一组新演员：基因。在理查德·道金斯（Richard Dawkins）的自私基因理论中，基因甚至拥有自己的行动自由，但连我们自己都认为这种理论是负面的。我们的基因构建了我们的身体，道金斯称之为"生存机器"，身体又确保了基因的生存机会。按照这个理论，猴子是让爬树基因持续存在的机器，鱼是确保水中生存基因持久存在的机器。

道金斯写道，即使是人类，也只不过是"笨拙的机器人"，即使他们更加复杂。

人类受到某种外部机械力量控制的想法，在今天的影响力更大，比在韦伯时代的影响还要大得多。看看那些人工智能的拥护者就会发现，它已经占据了绝对主导的地位。

例如，脑神经科学家亨利·马克莱姆（Henry Markram）在 2009 年的一次 TED 演讲中宣布："重建人类大脑并非不可能，十年内就可实现。"马克莱姆信誓旦旦，就好像他的孤独症儿子很快就可以拥有新的大脑结构，并像他一样可以好好地体验这个世界了。

欧盟委员会为他这项大脑研究计划注资 10 亿欧元。2013 年，马克莱姆的"人脑计划"启动，他希望在十年内创造出一个人脑的计算机模型。但仅仅两年后这个项目就被认为是纯粹的空想，马克莱姆被解雇了。尽管如此，人们仍坚定地相信，终有一天我们能发明出一个人造大脑，或者一台可以输入人类意识模拟人类生活的计算机。

将自己当作生物机器人的体验是加强版的祛魅，不仅会影响我们周围的世界，也会影响我们自己。

我们在多大程度上算是生物机器人？这个问题已经没有那么重要了，因为很可能有一天会得到证实，毕竟"在这个问题上还需进一步研究"已经成为几个世纪以来的座右铭。或许有一天，人类的意识会由铝、塑料、铜、锡、硅以及其他计算机所需的物质构成，是否能实现还有待时间的检验。

有一点我们比较肯定，"意识是大脑机械运转过程中产生的副作用"这个假设，更能够代表我们对自己和对世界的感知。

在韦伯提出"现代人的祛魅"的同时期，皮埃尔·珍妮特（Pierre

Janet）①观察到，在沙普提厄精神病院，越来越多的患者觉得自己是牛顿摆上面的一个球体，他们的日常表现感觉就像一场台球游戏。

珍妮特写道，所有患者都使用相同的术语，比如"机器、机器人、机械"之类的词，或者他们说："我只是一台机器。"或"这只是我的身体，但这不是我的意志。"

真正的台球游戏中那些固定的机械规则在这当中没有发挥任何作用。奥地利精神病学家、大屠杀幸存者维克多·弗兰克尔（Viktor Frankl）曾说过，任何科学学科，甚至是社会学，都可以引发祛魅。弗兰克尔认为，人形机器人助长了这种"宿命论"观点，因为我们大多数人都缺乏坚定的信念。从韦伯身上我们可以看到，即使他有时会觉得自己的心灵被冻结并转化成某些奇怪的东西，他也并没有接受宿命论，没有向这些难以理解的东西屈服，而是想尽一切办法去驯服它们。夜间梦遗、交际障碍、溴和安眠药，所有这些都是他努力想要逐个击败的恶魔。

韦伯在生命的最后几年意识到，最容易导致他失败的就是"参与生活所提供的一切"。他被自己的各种计算和理论分析毁掉了。他对西方人所作的判断也适用于他自己："专家没有灵魂，纵欲者没有心肝，而这些废物们却幻想着，自己已经创造了前所未有的高度。"

---

① 她是在西格蒙德·弗洛伊德之前就提出潜意识理论的精神病学家。——译者注

第 6 章

技术如何加剧焦虑

你想把自己的一生奉献给哪个职业呢？这是个很深刻的问题。但我很早就找到了确定的答案，甚至早在上高中之前，我就清楚地知道自己想成为一名心理学家。当时我已经留意到焦虑和抑郁的来龙去脉，这就是我决心成为心理辅导师的原因。

高中时，我就设想过要创建一个装修简约的心理诊所，成年的我可以在里面帮助那些失去理智的、绝望的人们，使他们得到治愈。我考到了该专业要求的成绩，并在高中毕业前不久采访收集了足够的治疗经验材料，包括关于吸毒成瘾者、有孩子的刚分手的伴侣和饱受战争创伤的难民的，然后我要做的就是取得心理学的学位。

那时想要在瑞典学习心理学专业，仅仅分数达标还不够，还必须有至少一年的工作经验。我试图用自己的各种暑期工作经历来申请，但是仍然不够，还必须得有在制造产业工作的经历。不幸的是，很快我就发现没有制造业工厂愿意要我，于是在动用了我的关系网（爸爸和妈妈）后，我找到了另一份工作——当酒店服务员。

整整一年我都在为客人们提供马提尼酒和爱尔兰咖啡。我匆匆忙忙地从一张桌子走到另一张桌子，接受订单，开啤酒瓶，供应塞了牛胸肉的猪脚。当这项社会服务工作结束时，我已经不再确定自己是否真的想要成为一名心理学家了。这一次不是因为我触发了焦虑，而是因为我太累了，以至于引发了对自己的担忧。

经过又一年的工作，在不断重复的铺桌子、倒饮品、洗刷、浇酱汁、擦干桌子、清理碗盘等烦琐事务中，我已经完全不相信可以在实践式治疗中找到解决心理问题的方法。因此，我成了一名社会学家，并花了很多时间研究普通大众。

幸运的是，这么多年来与我交谈过的人，从白领到失业者有数百名，这是一个如此多元化的群体，以至于我不得不修改我在研究刚开始时所做的一些假设。我采访过的那些人，有的很热爱自己的工作，有的厌恶自己的工作；有为工作鞠躬尽瘁死而后已的，也有觉得工作无聊透顶的；有把工作带回家继续加班的，也有累到恨不得四肢着地爬回家的人。我用了好几个月坐在办公室里研究其他人的工作。有些人工作压力太大，以至于都没有时间上厕所；而另一些人则很难找到一点事来填补自己空虚的工作时间。

工作的领域是如此多样化，因此很难明确表述工作会给我带来的影响。另一个因素使这个探讨变得更加困难，即几乎只有像记者、研究人员和政治家这样对工作有极高自主权的人，才会公开谈论工作在生活中的作用，这导致我们经常听到或读到这样的观点：工作对于整个人生以及整个社会的意义有多么重要。

另一个很常见的假设是，工作有助于身心健康，有工作的人通常比没有工作的人过得更好。但这真的意味着工作使我们健康吗？或者说，那些由政治操弄制造出来的失业会让我们变得不健康？对此有以下几个观点：

- 流行病学研究表明，当我们退休后健康状况会有所改善，具体来讲就是身体状态可年轻达十岁；
- 尽管病人和失业者的处境艰难，但与被劳动力市场抛弃的人相比，精神疾病在没有稳定保障的从业人群中更为常见；
- 长期以来，历史学家发现了一个现象，在重大经济危机中，大量失业人员的出现，通常会导致预期寿命极大延长，因心血管疾病而死亡的人数减少；
- 根据医学社会学领域的研究，工作时间和健康状况之间有很密切的关系，工作时间超过平均水平的人患心脏疾病，以及抑郁、焦虑和强迫症等心理问题的风险更高。

因此，工作使人更健康这一假设值得怀疑，但很难确定究竟是哪些有薪工作对健康带来了这些负面影响。大多数原因都是"压力"和"精疲力竭"，然而这些术语代表了许多不同的生活问题。

例如，如果一位养老院的护士没有照顾好那里的所有老年人，她可能会感到压力；一个在工作中无所事事但仍然没有时间陪伴家人的保安可能会感到压力；或者中层管理人员在休假时惊恐地发现自己受不了家庭的生活。

任何形式的工作都使我们从"做什么"和"为什么做"这两个问题中解放出来。工作不仅保证了我们的祛魅，还在很大程度上决定了我们会如何度过这一天，尤其是在越来越程序化的工作中，这一点尤为明显。此外，还伴随着一种新的影响，那是一种无法明确辨别的情绪感受——恐慌（正如伊芙琳娜所说的那样）。

当我见到伊芙琳娜时，她的身体状况刚刚被社会保障局判定为健康。她正处于失业中，但她说自己已经很久没有这么好的感觉了。当她开始在一家广告公司担任插画师时，问题就来了。这份工作对她来说非常好，解决了她长时间面临的财务困扰。从学校毕业以后，她一直在参与各种艺术活动，拥有一份稳定的工作，薪水不错，使她能够过上中产阶级的生活水平。这份工作使她免受财务困顿，却导致了她多年的恐慌症。也许可以用

"压力"来解释她的状态，但当我问伊芙琳娜是否感到工作有压力时，她回答说工作其实很轻松。

出问题的是人。她没有被人欺负，也没有人刻薄她，直到今天，她都无法说清楚那究竟是为什么。

"在这个行业中有一群非常特殊的人，"她说，"那是我在广告公司面临的大问题。有一种非常特殊的能量在控制着我。"

与许多其他形式的焦虑症相比，恐慌症会引起身体反应。伊芙琳娜从未有过那样激动的状态，最糟糕的感觉是身体常常紧绷着。

"嗯，只在身体的某些部位发生，在胃里、胸部、喉咙里。有一阵子我觉得自己的舌头太大了，紧接着，我觉得自己要吞下自己的舌头了，这个想法突然就铺天盖地袭击过来，让我感到非常惊恐。现在焦虑感更多反映在脚部，当我开车时我非常害怕焦虑会突然袭击我。然而，它只存在于我身上，并不是来自外部，这一点让我非常难以接受。"

她的第一次恐慌发作，是在城市里的一个多车道十字路口。当时伊芙琳娜感到无法呼吸，身体发热，几乎无法集中注意力。她吓坏了，继续往前开，直到终于在一个加油站停下来。然后，她焦虑的感觉加剧到无比强烈的程度，以至于她觉得自己要死了。

事件发生后，她有八个月没有开车或乘公共汽车。她请了病假，不久就辞职了。

伊芙琳娜说她更喜欢生活在没有保障的不稳定状态中，在失业和短时工作之间徘徊游走。"这已经成为我的生活状态了吗？"虽然心理状态不再恶化，但她却不得不再次忍受持续不断的财务担忧，她使用了各种心理策略和实践策略来控制这种担忧，但并不是每次都能成功。

空虚的繁荣：为什么物质丰富却精神贫瘠

伊芙琳娜的故事不具有代表性。对于大多数人来说，如果失去了固定工作，就会开始焦虑。

以安妮为例。和我为这本书采访过的其他人一样，钱不够用才是她最大的灾难。在她的问题中，财务担忧占主导地位。鉴于她的失业状态，这种担忧并不意外，但她在担任售货员期间就被这种担忧困扰了。

"我变得非常健忘，以至于没办法按时上班，我在收银台上出现计算失误，为此我感到非常羞愧。而健忘是因为我的焦虑，我的思绪总在激烈地波动，没有更多的余地去思考其他任何事情。"

她知道自己激烈的情绪有朝一日可能会让她的生活全面瘫痪，这种因焦虑情绪而引发的焦虑一直困扰着她。为期十年的认知行为疗法都没有帮助，现在她马上就要60岁了，对于就业市场来说她太老了，于是她担忧和焦虑的主题又发生了转变，现在她害怕熟人对她的看法。

"有时我会陷入无休止的思考困局中。我有一个女性朋友，我很喜欢和她一起出去玩，但有时我会被她所说或所做的事情困住，不断分析她究竟是什么意思？她为什么这么说？或者我为什么要说那么多话，描述那么多具体的事？我做错什么了吗？我丢脸了吗？我很强硬吗？"

在长期的抑郁之后，她请了病假。这对她有帮助，但一段时间后社会保障部门联系了她：她需要偿还10万克朗[①]，因为她在空闲时间表现得太有创造力了，并被归类为具有"艺术活动的能力"。

"我起诉了，并最终赢得了诉讼。但我的信心受到了很大的打击。经历了这样的事情后，人会变得愤世嫉俗。"

---

① 相当于1万欧元。——译者注

当她必须得去参加工作能力测试，以确定她可以休哪种程度的病假时，她的思绪就像一个不快乐的幽灵，开始不安地乱窜。

"我一直告诉自己不要被他们的废话所困扰，只需说'谢谢'和'祝你有美好的一天'。但后来我又觉得，自己又被盯上了，他们认为我有问题，觉得我只是想愚弄他们或者认为我疯了。我觉得我总是被人评判，总是！"

与过去几个世纪里的人相比，安妮和伊芙琳娜都享受着比大多数人更高的生活水平。失业仍代表着风险，但生存已不再受到威胁。此时的风险已经变成了：生活在焦虑中。

无法再过着跟朋友们一样的优越生活。是否能继续住在原来的房子里？是否会被列入债务人登记册？夏天是否还有休假的时间？

"突然间，我觉得自己的价值岌岌可危。其他人会如何看待我？他们会不会看不起我？嫌我懒？觉得我傻？觉得我体弱多病？觉得我没用？"

人们很可能会一直沿着相似的思路思考并相互比较。但很明显，这些比较无法解决问题。

那我们是怎样一步步踏入这个境地的呢？

农业社会出现了储存，这使人们获得了收入，能够延迟消费，从而创造出了在整个世界历史中仍然相对年轻的东西：盈余。只有通过盈余，人们才能感受到当今生活中的贫富不均。农业程度越高，这种不均衡对社会各个方面的影响就越大。

在考古领域，第一个被发现的这种不均衡的证据出现于 8000 年前。在那么早的时候，就已经出现了等级分明的军事结构、代表中央集权的集会、装饰华丽的富人儿童坟墓。在对北美 258 个土著部落的调查中，几乎所有的有盈余的社会里都存在着权力和地位的不平等。

即使是前资本主义时代，不平等的状况在各个增长阶段都很明显。1450 年在意大利北部的皮埃蒙特地区，最富有的 5% 的人口拥有大约 30% 的财产；300 年后，在同一地区这两个数字已经变成 5% 对 50%，这种不均衡已经很大了，但还远不能与今天相比：世界上最富有的 5% 的人口拥有大约 75% 的财富。

这种不平等会对人们的自我认知和心理状况产生影响，其影响程度取决于不同的文化因素。例如，在等级森严的社会中，不存在可以让人"成功"或"失败"的劳动力市场；在工业资本主义危机导致高失业率的时期，个体的社会责任也会被重新评估。

盈余越多，自然灾害的影响就越小，但穷人仍然忍受饥饿。因此需要发展建立一种新的职业领域的道德观念，来证明盈余社会下饥饿的存在是合理的。在这种道德观念中，人们为谋生做了什么不再重要，新的焦点变为人们从事什么样的工作。维护这种道德观点成为国家机器的主要任务。

安妮不断被批判的经历，便来自这一现实——她的焦虑可不仅仅是一个幻想，数以百万计的其他人也有同样的感受。世界上最贫穷的五分之一人口患心理健康问题的可能性，是最富有的五分之一人口的三倍，这绝非偶然。或者说，那些因自己有限的财富状况而只能获得主动收入的人，患焦虑症的可能性是不需要靠主动收入生活的人的十倍。

焦虑症不仅仅是伴随贫困而来的副作用，我们在与他人相比时，认为自己是否成功也很重要。公务员只要晋升一级，患抑郁症的统计风险就会大大降低，尽管薪水上大致相同。

地位是在某种特定背景下个人被赋予的价值，其实就是某种空洞的象征，但尽管如此，它还会影响我们看待自己的方式。就像我们脆弱的"自我"一样，我们的地位会如何，也要看命运的心情。一个人无论取得多大的成就，也很难摆脱对再次跌倒的担忧。尤其在不平等比较突出的社会中，最富有的人也很担忧。国际范围的比较甚至表明，不平等最突出的国家中最富有的十分之一人口，比相对平等的国家中最贫穷的十分之一人口更加忧心忡忡。

与自卑感、狂妄自大、自我蔑视，或者其他与地位相关的心理障碍一样，这种担忧并不普遍。因为这种担忧的出现有一个先决条件——一种如何系统地划分出赢家和输家的观念。其基本信念是：生活是否有价值的唯一判断标准就是被别人嫉妒。

倦怠：失去意义的工作

经济不确定性越来越大已经是不争的事实，失业率在增长，固定期限合同和不受劳动法约束的项目合同也越来越多。许多人认为，担忧情绪的增加是出于工作环境的变化，当然，这方面确实有很多可以佐证的例子。但总的来说，我们还面临着一个悖论：一方面，我们的金融状况会给自己带来不安全感；另一方面，我们的工作却给我们带来安全感。

在财务上，大多数人都生活在不确定中，我们随时可能失去工作，被迫处于失业状态。当我们每天准备去上班时，大多数人都非常清楚自己将度过怎样的一天：也许很忙，甚至有时候压力会很大。但除此之外，我们自身的需求也很清楚，我们不必也不应该有所质疑，只要我们遵守规则，自然会有其他人为这份工作的最终结果负责。从这个意义上说，工作可以带来安全感。

虽然以主题为导向的工作充满不确定性，但工作本身却能够消解不安全感。在上学期间我们就会被各种明确的社会信息所包围：要想掌控人生的财富和地位，就要承担步步为营但并不快乐的生活。

几个并行的发展趋势同时在这里汇聚。从历史发展上看，人们的平均工作时间在一定程度上是逐渐增加的，但也有一个相反的趋势：20世纪出现了工作时间法，法律规定的每日工作时间从大约4个小时开始逐渐增加，直到今天增加了一倍多，尤其是如果把你花在家庭和消费上的时间包括在内（这种说法是完全合理的，因为对史前社会的人类工作研究中就包含了这些时间）。即使是古罗马人和古希腊人的假期也比今天我们的假期长。在中世纪，人们平均每天工作8小时，但由于当时工作与季节有关，因此工作日较少，每年只有120至150天。

工作流程也越来越长。经过了多年来的无数次细分，工作越来越专业化，社会学中称之为分工，由此工作本身对个人的技能要求越来越低。在工作中，已经有了各种规则和模式，我们只需要通过培训课程学习它们，在这个过程中我们的创造力被搁置了。经过训练后，我们可以操作机器，但我们对机器的了解却很少。

狩猎采集部落或卡拜尔农民无疑只掌握了一些初级技术，或者说受到传统的限制，但从个人角度来说他们可以相当自由地组织自己的工作。虽然不确定性更大，但他们更有靠自己双手活下来的信心。即使在前现代的手工艺人中，我们也发现很多建立在经验基础上的精湛手艺，其标准远远超出当今的制作水平。

在工业化国家，新技术的出现使得工作越来越高效，但是那些应用技术的人却并不开发技术。只有一小群工程师在发挥创造力，而大部分工作谈不上什么创造力。

当旧时代的锯子、钻头和磨刀石被加上了动力时，这些手艺已经开始渐渐被人遗忘，但新的技术形式并没有限制劳动者的自主性，劳动者只是使用这些技术扩展了劳动能力。如果是使用钻床或精密车床这类预先编程的机器，或者工作节奏完全由机器速度决定的离心调节器，或者计算工人绩效的单位计算器，那么很明显，技术工人不是在使用机器，而只是在监督机器。

工程师弗雷德里克·温斯洛·泰勒（Frederick Winslow Taylor）是19世纪和20世纪之交生产机械化高速发展的幕后推手，他总是喜欢说，就是像他这样懒惰的工程师们组织了劳动力市场。制造业日趋增长的收入表明，大规模的手工艺生产，完全无法跟上标准化工业所带来的生产速度。

但泰勒与今天的管理顾问们不同，他的政治手段非常直截了当，那就是消除传统手艺对工作效率的影响。这可以防止工人拖延——在泰勒看来，这可是困扰英国和美国劳动人民的最糟糕的缺点了。

正如我们已经看到的那样，早期的工业家很为那些没有素质的前工业工人感到头疼。例如，安德鲁·乌尔（Andrew Ure）是一名教师，也是最早的组织学研究者之一。他写道："想要将农业或手工业家庭出身的人在青春期之后变成有用的工厂工人，那几乎是不可能的。如果人们尝试与自己的无精打采或顽固习惯做斗争，一段时间后都会失败，他们要么自发地辞职，要么因粗心而被工头解雇。"

早在18世纪，亚当·斯密（Adam Smith）就明白，要想实现他追求的高度分工，就必须让这类顽固的坏习惯在早期就转化为新的哪怕不美好的东西："如果人一辈子都只是在做一些简单的事情，那他们的结果都会一样——碌碌无为。他们总是认为没必要用自己的聪明才智去克服尚未出现的困难。当然，他们也会为这样的碌碌无为而疲惫不堪，并且只会成为愚蠢和无知的人。"

泰勒似乎也意识到要重新审视"人性"，将自己之前对它的定义进行一次彻底的"修正"。但与亚当·斯密不同的是，他认为贫困群体中的一部分人是可以被雇用的。

从那时起，人类历史上最快的工作结构改革已经启动。中间还陆陆续续出现了一些相关的理论，比如年轻的马克思担心工人会沦为机器的附属物。然而，这三位思想家都认为没有必要去工厂参观，没必要直接询问工人们对自己的工作感受如何。

虚假的安全感：我们在工作中逃避焦虑

在美国记者斯塔兹·特克尔（Studs Terkel）的作品中，我们可以找到对工业时代生活最深入的描写，他采访了数百名工人，询问了他们的经历。这个调查在20世纪70年代初展开，当时工厂生产仍然是美国经济的核心。在他的调查中工人们最常出现的感受是，他们觉得自己像一台机器。

"在工作中的第一件事，"一名钢铁工人说，"就是手臂开始动，而头脑却开始关闭。"

就像亚当·斯密所说的，人被强制进入昏昏欲睡的状态。"按下一个按钮，然后沿着设定好的路径走，"一名仓库工人说，"人就变成了一个残骸，然后到晚上喝几杯啤酒后躺下。凌晨一两点，身边的妻子突然说：'嘿，嘿，停下来。'因为我的运动机能还在工作。"

一位女接待员说她不明白自己工作的目的是什么。"我并没有做任何事情，我的工作毫无意义，实际上我只不过是一台机器。"

劳动者们拿自己与机器比较太普遍了，以至于特克尔在序言中特别提到了下面这种现象。

他们中的大多数人都毫不掩饰地表达了不满。蓝领工人的辛酸听起来也丝毫不比白领雇员更少。"我是一台机器。"焊工说。"我被关起来了。"银行职员和酒店经理说。"我是一头骡子。"钢铁工人说。"一只猴子也可以胜任我的工作。"接待员说。"我的价值还不如一台农业机器。"外来临时工说。"我是一个物品。"模特说。不管是白领和蓝领，人们的说法都一样:"我是一个机器人。"

"我们是机器,只受因果式机械原理的约束",这是祛魅思想在工作中的具体呈现形式。如果我们日复一日地像个机器人一样工作,那么我们跟它的差异也就没那么大了。

正如太牢固的束缚也可能导致最不幸福的婚姻,最无意义的工作也能给人带来稳定的安全感。在这些传记故事中,法国工厂里的工人查理说,尽管每天的工作劳累、单调、毫无意义,但多年来,他的工作已成为他生活的避风港。从纯粹的金钱角度来看,他实际上班的时间比他应该上班的时间要多。他的同事们也是如此,周日总会有很多额外的加班。

人们一旦陷入惯例中,就无须过多担心了。因为规则是明确的,只要做好两件事就行:尽可能多地工作,购买买得起的东西。

一位朋友曾经对我开玩笑说(但我们都知道,每个玩笑都有它的道理):"如果我不工作,我不知道该怎么办。那样我会受不了。还好,我还在上班。"工厂就是你的生活。

查理在采访中说,性成为对工作的威胁,人们因为工作而失去了睡眠,需要在性中得到补偿。他估计,如果把亲密接触也算上,在性这件事上估计得花上一个小时,这意味着剥夺一小时的睡眠。如果睡眠不好,周围的其他人,即使是与自己比较亲近的人,都会让他感到烦躁。尽管他是反种族主义委员会的,但也觉得自己变得越来越种族主义了。

当生活环境变得恶劣时,工作环境就会显得很舒适。查理发现,工作让他的人生变得更轻松了,因为他不需要活在"我的人生该何去何从"这样的问题中。当身边的家人和朋友变得面目可憎时,只将注意力集中在工作上,集中在那些不必自己控制的任务上,几乎没有比这更安全的状态了。

实际上,当你正在工作的时候,一切都是那么有安全感。你不用另外做什么,一切都已经为你设定好了,你不需要主动作为。通过工作你能拿到钱,可以尽情购买喜欢的电子产品,只要你买得起……这才是真正的安全感,因为你不需要承担责任,就像在童年时期那样。

如果我们将今日的生活与狩猎采集者的生活进行比较,已经进步太多了。但是,活在当下的人不一定就过着"更和谐"的生活,因为我们每天都要面对各种不确定性。这些不确定性与经济体系中的不确定性不同,它们更多是取决于个人的应对处理方式,人们必须学会与不确定性共存。但对于绝大多数人来说,现代的工作反而能带给他们安全感,人们在工作中避开了不确定性。

在彻底进入工业时代之前,工资主要是计件发放,之后工资中越来越多地融入了时间的因素。当统一时间被建立后,时间的渗入进一步加深。本杰明·富兰克林的座右铭"时间就是金钱",原本仅仅想要表达时间是衡量绩效的绝对标准。泰勒主义者们进入了工厂和办公室,最小的工作步骤甚至被细化到百分之一秒,守时也被当作一种崇高的美德。

看一下那些时间和程度管理系统,例如:打开和关闭文件柜,不需选择 =0.04 秒;书桌,打开中间抽屉 =0.26 秒;打开侧抽屉 =0.27 秒;从椅子上站起来 =0.033 秒;坐下 =0.009 秒;等等。

许多人会提出异议说,这种日常工作模式已成为过去式,与今天的我们几乎没有关系。这种异议完全是有道理的。因为当今服务业约占全球产业的 50%,大约一半的工作人员在该领域工作。在全球范围内对培训的需求不断增长,人类的工作正越来越向"知识密集"型发展。

即使是服务部门,现在也被均衡化和精简化了。监督人员不再使用秒表,因为它已经变得多余。如今,电话接线员受到的监督和监控比以往任何时候都更严密,还都是全自动的监控:呼叫次数、对话时长、通话内容以及员工在屏幕上的具体操作都会被自动记录下来。

当然，也有一些工作需要人们发挥更多的创造力，可是一旦仔细研究并深入挖掘这类工作的流程就会发现，对创造力的需求并未增加。除了少数受过良好教育的精英需要将其渊博的知识带入日常工作之外，绝大多数工作对我们的要求，都比我们自身的能力水平更低。教育体系对我们的要求总是过高，学历至上主义盛行——越来越多不需要学位就能胜任的工作，现在都要求有正式的文凭或证书来证明工作者的知识水平。但在高度数字化和自动化的工作环境中，工作者并不需要掌握太多的知识。有一些半自动的工作程序会更复杂一些，但对于那些只需要观察绿灯是否亮起的人们来说，很多知识都是无关紧要的。

社会学家理查德·桑内特（Richard Sennett）在波士顿一家面包店进行了一项研究。20世纪70年代初桑内特第一次访问该面包店时，那里的面包师都得接受几年的培训才能上岗。这项工作在热炉附近进行，总是让人汗流浃背，面包师双手大多数时候要深深地陷在面粉和水中。面包师可能会有所抱怨，但总体上他们会为自己的工作感到自豪，毕竟不是每个人都具备这种烤面包的技能。

25年后，桑内特再次来到面包店，此时情况就不一样了。面包师基本上都不再能看到面团了，只需单击计算机屏幕上的不同图标即可。他们不再清楚面团要如何揉制，不需要知道在烤箱上要设置什么温度或面包必须烤多长时间，因为机器都知道，只需启动机器处理另一端的食物就可以了。如果出现问题，他们就会打电话给一个同样不知道面包要如何烤制的技术人员。

人们越来越依赖系统，越来越不依赖材料。现在的工作对劳动者们提出了全新的能力要求：灵巧度和熟练度不再重要，重要的是大脑功能，是大脑不要罢工，然而大脑还是这样做了。

保持精神稳定，不攀登超出能力的高墙，从崩溃中愈合——这些，都是我们要做到的事情，它们在现代工作生活中的作用越来越重要。

被时间追赶：快节奏社会的压力

时间压力、能力不足和内疚感是工作生活中面临的最大挑战。但对于大多数人来说，工作本身并没有这么可怕，只有极少数人才需要达到工作效率的极限。

我在写博士论文的时候采访了40名员工，发现他们将大约一半的工作时间用于私人活动——我称之为空工作时间，其中空工作时间的最高纪录被一名每天只工作约15分钟的银行员工保持着。他们的日常工作状态，有极度劳累的，也有极度缺乏挑战的，但大多数介于两者之间。

无论我们处于这两种状态之间的哪个位置，都清楚地知道自己面临的工作任务，以及相关的工作规则和指导标准。但在家里或者与家人朋友在一起的时候可不会这样。因此，我们很少用"捉摸不透"这个词来形容工作，但我们会用它来形容人与人之间的关系。

孩子们在这方面的体验却是相反的。发展心理学家和教育工作者们长期以来都在探索，为什么小孩到一定年龄之后会出现厌学情绪，这通常发生在他们十几岁的时候。这种"排斥学校"的情绪会通过不同的表达方式呈现出来。孩子们常年被困在课桌椅前，只能做老师们希望他们做的事，这让许多孩子感到沮丧，于是孩子们会认为自己的命运掌握在老师手中。孩子们受制于一个完全不同的系统，这个系统与童年的相对自由背道而驰，这让他们感到不知所措。

与退休人员打交道的心理学家和社会工作者又发现，许多退休人员都生活在空虚之中，他们不知道该如何"消磨时间"，完全没有清晰的打算。

由于男性长期在劳动力市场中占据主导地位,这种现象在男性退休者中尤为普遍。尽管退休对大多数人来说是一种健康福利,但退休越晚,男性患抑郁症的风险就越低。

从儿童到老年人,最初令人无法忍受的东西最终变成了一种安全感。人们的习惯正在转变。孩提时期的意气风发最终被驯服,以至于人们一想起又要安排自己新的一天,就会感到不快乐。

这种心理转变,在整个工作集体的心理历程变迁中也有所体现。一个前现代工人在积累了足够的钱后,就会很勇敢地停下来休息;而现代的工人总是忧心忡忡,恨不得提出削减工资的要求来挽救公司。无论我们多么成功,对失业和失败的焦虑总是如影随形,始终困扰着我们。工作为我们提供了安全保障,同时也是对抗财务问题的手段,但它在为我们打造了一个保护空间的同时,也剥夺了我们自由选择的权利。

当那些提供工作的社会机构们变得如此重要时,必然会对其余的社会生活产生影响。例如,为什么家庭生活压力如此之大?为什么爱情关系这么复杂?为什么孤独感如此常见?为什么共同生活这么简单的事情也会变得很难?

其中一个答案就是,我们擅长自己一直在做的事,不擅长没做过的或做得很少的事。如果我们一生都致力于在工作中变得越来越好,我们就会在工作上变得更好。但是,生而为人的意义到底是什么?

在摆脱工作枷锁的短暂假期里,人们的无能就会暴露出来。离开了那些设定好的条条框框,我们赤身裸体般地站在彼此面前。这时,"我们真正想要的是什么"这个问题就摆在了眼前,我们不见得能找到答案。研究者反复发现一个现象——休假后离婚率飙升。许多人认为休假时间应该缩短,这并非没有道理。美国是世界上最敌视休假的国家,只有一半的员工能享受到合同规定的完整假期。在我们的这些短暂"喘息"中,到底会发生什么？

社会学家阿莉·霍奇柴尔德（Arlie Hochschild）为了研究这个问题，花了三年的时间近距离陪伴一家美国公司的员工们。她给这家公司起了个虚构的名字 Amerco，由于成功的经营和良好的信誉，该公司能够为员工减少工作时间，员工们可以选择短时工作，可以休假，也可以享受育儿假。通常人们会认为这是个受欢迎的提议，毕竟工作人员经常抱怨缺乏个人时间，每周他们平均要工作 47 小时，还有许多连续 10 小时甚至 12 小时的轮班。

很少有人接受这个提议。21 000 名员工中，只有 53 人减少了工作时间，拥有更多的时间来陪伴孩子（其中没有一个是男性）。大多数人取消了自己尚未使用的假期，只有 1% 的人选择将工作场所从公司搬到了家里，尽管公司鼓励他们这样做。

尽管员工也会抱怨个人时间不够，但他们有意识地拒绝这一提议，其原因不只是担心收入损失和失业。在采访中，霍奇柴尔德惊奇地发现，其原因居然是出于家庭的某些本质，正如大多数受访者所说的，这项工作"比在家中的生活更有趣"。"我上班是为了放松。"一位受访者说。

早期的研究已经表明，与家庭生活相比，男性更喜欢工作。但霍奇柴尔德发现，这同样适用于 Amerco 的女性员工。她为此找到了一个简单的解释：虽然工作场所中的社交生活受到规则限制，并且这些规则只掌握在高层手中，但礼貌和支持在工作场所占据了主导地位；与之相比，家庭生活中却充满了压力、混乱、冲突和内疚感。

霍奇柴尔德描述了合理家庭观的构建发展模式，其中有一点是：孩子的成功使父母成为好父母，而不是陪伴孩子的时间使他们成为好父母。孩子们在课余时间更愿意奔忙在各种活动中，他们对亲密关系的需求没有那么大，晚上留出一小时进行陪伴就足够了。如果家庭有变动，或出现某些意外情况导致陪伴缺失，人们会聘请保姆或咨询心理治疗师，但这还不够。你越想避开自己的家庭，雷区就越密集。疏远的伴侣、烦人的孩子、更麻烦的继子女和报复心强的前任，这一切都无法营造出轻松愉悦的家庭氛围。霍奇柴尔德的描绘太生动了，尤其令人印象深刻的是其中一位接受采访的老板，他承认照顾"办公室孩子"（他的员工）比照顾自己的孩子更有价值。

无数职场人士将工作场所作为避难所，以避开混乱复杂的世界，一旦离开办公室的空调房就立马感受到失败的威胁。接受目前历史大背景下与风险并存的生活是可行之道，但是工作打破了这种平衡，工作让我们不愿意面对风险，最好在风险露出苗头时就立即将其压制下去。

第 7 章

充满风险的当下社会

两名医生走进了房间。"是时候了。"海伦娜心想,"当病人被确诊并被告知患癌的时候,总是有两个医生一起出现。"

"我觉得你们想要告诉我一些事情。"海伦娜说。

但医生并没有告诉她什么,测试结果看起来不错,其中那个年轻的医生只是跟着学习的。年长一点的医生问她是不是和别人一起来的,这个医生之前曾经建议她,一旦有坏消息,最好有人能陪她一起来。

"不,我是一个人来的,不过没关系,我是个忧郁症患者。"海伦娜回答。

"啊,这样啊。"医生说。

医生在她的胸部涂抹了接触凝胶,并用超声波探头开始检查。他移动着探头,并向她解释着女性乳房的结构。最后他深吸一口气,笑了笑。

"他把我的一只手搭在我自己的胸膛上,"海伦娜说,"但旁边有一个助手,所以这个动作并不代表任何暗示。他把我的手放在那里,说:'太好了,你没有得癌症。'我立刻哭了,哭得停不下来,我欣喜若狂。"

海伦娜没有得癌症。

平静地过了几星期后,新的症状出现了。她感觉肚子有点疼,会不会是胰腺癌?

她让朋友用谷歌查了一下。他说不是,胰腺癌大便呈黄色。同一天,她让自己已经成年的儿子进卫生间观察,看她的大便看起来是不是黄色的?儿子回答是亮黄色。

她的朋友在谷歌上进一步搜索了更多的症状。据称在这种类型的癌症中,大便会泛油并漂浮在水面上。于是她的儿子不得不再次进卫生间观察。他同意她的看法,那些粪便是油性的,并漂浮在水面上。

于是她开启了新一轮绝望的问诊之路,她打了各种电话,到其他地区的医院就诊。大量的钱再次流入私人诊所,被用于各种检查和测试,在她再次被诊断为健康之前。

"一旦我发现一个新的症状,接下来要做什么,似乎都是已经规划好的。唯一能让我安心的是医生确认没有任何问题的时刻。这是一种非常奇怪的感觉,就像背后有一个引擎操纵着我,最终我患上了严重的抑郁症。"

胰腺癌之后是长时间的发烧和淋巴癌。

接下来是下颌疼痛和喉癌。

再然后是胃痛和结肠癌。

那年秋天,她为看私人医生共支付了 20 000 克朗,相当于 2000 欧元。她提起了一长串的检查项目,进行腹腔镜检查,在没有麻醉的情况下进行了胃镜检查,找出之前胎记样本是在哪个机构接受检查的。之后就是漫长的等待和询问,直到在电话里得到结果,尽管这种方式已经打破了医疗机构的规则。

然后是瘀伤和血癌……海伦娜打断了自己,"这又开始了!天啊,发生了这么多事。"

她八岁的时候，对疾病知之甚少，也不害怕死亡。后来她学会了阅读。

"我记得曾经在某个标题中看到了'癌症'这个字眼。但我也说不清楚，是不是从那个时候起我就出问题了，因为大约在同一时间，我开始彻夜难眠，并意识到，这世上存在着永恒。然后，我就开始恐慌了，伤心了好几天。也不知道为什么，我觉得癌症和永恒两者是相互关联的。"

她躺在床上，用一根手指按压脸部，然后走进浴室观察镜子里的自己。那里有瘀伤吗？患有白血病的人很容易受伤。或者她需要按压得更重一些？

现在的海伦娜不得不主动避开癌症这个字眼。因为一旦她听到或读到有关癌症的信息，就会陷进去出不来。

"这时我的大脑变成了海绵，吸收了所有关于癌症的信息，就好像大脑为此敞开了大门。"

一年前她给自己设定了个限制，绝不能自己上谷歌搜索信息。她认为自己疑心太重了，如果那样做，只会一直呆在医院里。

"现在有什么事情的话，我会让朋友或儿子帮我搜索一些信息，因为我自己没办法做。"

海伦娜不明白，为什么偏偏癌症这个字眼引发了她这么严重的担忧，而其他疾病她都可以毫无心理负担地忍受。我也不明白。在交谈中，她告诉我曾经有一个医生发现她心跳不规律，并安排了后续的检查。她说，那时候连着几个星期，她几乎每天都会晕厥，因为她的平衡器官出了问题。她拿起手机给我看了她当时的上半身照片，很明显她身上长满了深红色的湿疹。这样严重的疾病都没有吓到她。

"为什么所有的癌症都会让你觉得那么可怕？"我问道。

"关于癌症，那太恶心了。我想这就是为什么……是的，那是一种肮脏的疾病。"她回答说。

在我们第一次见面之前海伦娜就告诉我她患有疑病症。但是每出现一个新的身体症状，她都会质疑这个心理疾病的诊断。她觉得疑病症确实存在，但癌症也确实存在。她的母亲虽然接受了焦虑症治疗，但最后仍然查出了肺癌。因此，癌症确实存在。如果她在自己的胎记中发现了类似恶性黑色素瘤的东西，就有引发自己疑病症的风险，但那也可能就是真的癌症。但她怎么会知道呢？她没有办法知道。

得了妄想症的人有可能真的被人监控了；总是担忧严重灾难的人也可能真的会遇到灾难；疑病症患者可能真的会得癌症。

进步的代价：文明创造新的风险，并消除旧的风险

风险社会学中有两个重点：风险是如何产生的？风险是如何被感知的？在这两个层面，文明都发挥了作用。

史前游牧民族并没有像今天这样面对如此严重的流行疾病。一方面是因为他们以小团体的形式进行游牧，只有在极特殊情况下才会聚在一起形成更大的部落，这样就是一种小团体式的自我隔离。另一方面的原因是，唯一与他们生活密切相关的动物是狗。大多数流行病，从瘟疫到肺结核再到非典，都起源于人畜共患疾病，即由人与动物密切接触引起的交叉感染。这也是农业社会所造成的健康风险，是导致预期寿命缩短的另一个原因。

当欧洲殖民者占据世界的其他地方时，产生了一个极端的后果：大量土著人因传入的疾病而死亡。仅在北美和南美，土著人口数量在短短几个

世纪内就减少了90%以上。①

文明创造新的风险，并消除旧的风险。但最大的变化在于对风险的感知：我们认为的风险是什么，我们与风险的关系是怎样的。显微镜、X光机和腹腔镜都是新的手段，让我们看到了以前看不见的东西，科学发现能够告诉我们需要注意什么。

海伦娜是谨慎的。她以祛魅的原则看待这个世界的因果。她的洞察力没有模糊不清，她只是不依靠天意。世间的法则有时候很无情，可能随时将死去的事物转化成新的事物，并且是可怕的事物，并没有上帝为这些结果负责。只能由她自己来梳理、诊断、操纵、掌控并重新调整这些纷乱的因果关系。

风险的评估需要非常理性，这让海伦娜感到举步维艰。她依傍科学，对于出现的每一个症状，她都会提出风险分析的两个主要问题：第一，风险的可能性有多大？第二，它的危害有多大？

很多人都有可能在生命中的某个阶段患上癌症。在瑞典，大约三分之一的人口一生会遭受至少一次癌症的折磨。癌症是有害的，是高工资国家中人们的主要死因。

统计数据证明了海伦娜的担忧。唯一的问题是，为什么海伦娜在评估其他风险时没有表现出类似的理性。当医生发现她的心电图报告令人担忧时，她为什么没有担心？毕竟心血管疾病长期以来一直是瑞典最致命的疾病之一。

海伦娜很清楚自己表现出的这种矛盾性，她知道有很多其他事情同样值得担心，但她几乎从未担心过。

---

① 有相当数量的史料可以证实，包括印第安人等大量北美土著在几个世纪内的迅速消亡是殖民者们有计划、有步骤地进行种族灭绝式的屠杀所致。——译者注

当海伦娜打开报纸时，几乎在每一页上都能看到某些负面字眼，包括所有的可能出现或已经出现的可怕内容：恐怖主义、虐待、流行病、住房短缺、肥胖、难民危机、失业、种族主义、环境灾难、谋杀、股市崩盘、通货膨胀、暴力、极端主义、战争。

所有这些都是真实的风险，不是媒体发明出来的。尽管如此，但她并不为这些感到担心。这就是矛盾之处：在每天接收的所有关于灾难的信息之中，海伦娜只关注固定的一个。在这一点上，她被认为有点不正常，但实际上大多数人对疾病的真正风险存在误解。一项风险评估研究显示了令人意外的结果。

- 80%的参与者认为意外事故是比中风更常见的死因，尽管死于中风的人数几乎是所有因意外事故死亡人数总和的两倍。
- 参与者认为，平均而言死于事故的人数与死于疾病的人数一样多，但实际上死于疾病的人数是死于事故人数的18倍。
- 参与者认为死于龙卷风的人数多于死于哮喘的人数，但实际上死于哮喘的人数是死于龙卷风人数的20倍。

我们能够意识到风险，这并不代表着我们能够自动评估它们与其他风险对比之下的严重程度。我们对风险的评估大多数时候基于新闻和政治所关注的方面，但实际上风险可不止这些。

例如，恐怖袭击会对我们构成威胁，但实际上在高工资国家该风险非常低。平均每年有百万分之一的人死于恐怖主义。美国在预防恐怖袭击上花费最多，但实际上恐怖袭击的风险很小。1970年至2013年间，平均每400万人中有一人因此死亡（包括2001年9月11日的受害者）。对比来看，在浴缸中淹死的风险是其两倍。另一项统计表明，被鹿撞死的风险也比因恐怖主义而死的风险高两倍。

为什么很少有人知道这些危险呢？与恐怖主义相比，浴缸事故的受害者人数不应该更多地占据新闻报道的版面吗？

当然，这里有明显的不同。一方面，恐怖主义是更好的故事，有恶意的罪犯和无辜的受害者。此外，事情是保密的，政治因素在其中发挥着作用。而在浴缸里意外淹死是一种相当荒谬的死法，没有真正的罪魁祸首，即使是长期治疗并随时可能死亡的癌症与之比起来，也能比浴缸溺亡提供更多扣人心弦的故事。如果投入相同的资源进行教育引导并强化安全概念的话，能拯救的溺水人数比因恐怖主义死亡的人数更多。但尽管如此，浴缸中的意外死亡仍被视为更自然的死亡因素变体。

另一方面，当人们听到"恐怖主义"这个词时，脑海中会立即浮现出相关图像：灾难、鲜血、爆炸的建筑物、炸飞的身体部位、死去的孩子们。虽然人们很难完全体会恐怖主义带来的影响，但电影和电视让大多数人有足够的机会去想象它。垂死的癌症患者也能让人清晰地想象出相关画面。

在家里的浴缸中溺水这件事仍然相对抽象。当然也可以描述这些事故，但问题是，会有人花费力气写这样的故事吗？谁会从中受益呢？

恐怖主义与社会权力有关。它会产生财政资源，可以创造工作，并确保产业增长。现代的国家有研究反恐的机构，有致力于消灭敌人的军备产业，有寻找敌人的监视工业，有用来保卫自己的军火生产。此外，很多西方国家的政客们会将打击恐怖主义作为选举中的一个关键议题。相比之下，浴缸受害者既没有经济推动力也没有社会推动力。

当我们仔细观察时就会发现，无论哪种"流行的"风险，都是与故事、图像和权力交织在一起的。我并不是说风险意识完美地反映了一个社会的权力结构，而是说能够进入我们意识中的风险，是概率和现实影响力交织斗争的结果。

当一种风险配上激烈的图像并被不断夸大，原本平庸的东西也会突然变成存在感很强的东西。这种情况并不少见。

50多年来，教育工作者们分成了两个阵营，双方在儿童阅读学习这件事上存在着激烈的冲突。一个阵营是字母策略派，认为孩子们应该通过学习字母去熟悉单词结构；另一个阵营为整字法策略派，认为孩子们应该直接学习整个单词。两个阵营互相批评，都觉得对方的方法会产生不良的后果，不仅会损害儿童的阅读能力，还会影响他们的健康。

其中，一位美国神经学家认为，第一种方法对孩子们构成了"情感上的伤害"，并使他们面临"所有可能出现的情绪和心理上的压力"，和他来自同阵营的另一位教育工作者将其描述为"几乎是一种冒犯"。而另一阵营的研究人员将第二种方法视为"摧毁无辜儿童"的教学法，过快地学习整个单词，有"希望将被打碎，可能会危及孩子的心理健康，使他们变成阅读障碍受害者"的风险。

在这种类型的斗争与讨论中，有时单个阵营会最终"获胜"，导致某些已知的风险被彻底遗忘，近年来这种趋势进一步加速。与此同时，人们会觉得"获胜方"之外的活动或事物的危险性更大了。以食物为例：随机选择食谱中的50种成分进行研究，结果发现其中40种在科学文章中被认定是致癌物。

这种详尽的风险计算方式绝非偶然，这是400年前祛魅的世界观所带来的一系列后果之一。在这种世界观中，我们相信自己生活的很大一部分是完全依赖于因果关系的。

无处不在的危机感：焦虑因风险意识而蔓延

一旦因果关系指向了某种不良的结果，风险就出现了。风险中存在不确定性因素，我们无法像机器一样精确地计算生活中的风险。我们通常将风险定义为不希望发生的事情发生的可能性，它确实是基于一定数量的未知原因，但也基于结果。因此在总结分析风险时，用统计学比用结构学更有必要。

从统计学上讲，风险总是存在的，虽然可能会出现奇迹，或出现之前未知的自然法则。那么当我们听到某件事有风险时该怎么办？我们只有两个选择：要么承受风险，要么尝试降低风险。

德语"risiko"（风险）一词来自意大利语中的动词"risicare"——"敢于做某事"。敢于做某事的意思就是勇于承担风险，在很长一段时间里冒险都被认为是勇敢的。例如，在锡拉丘兹的狄奥尼修斯国王弥留之际，朝臣达摩克利斯想知道当国王的感受是怎样的，狄奥尼修斯就用一根马鬃毛将一把剑系在宝座上方，来形容自己当国王的感受。尽管我们在日常生活中总是承受着这把头顶的"达摩克利斯之剑"，但这是生存所需的力量。自古以来，更确切地说是自从罗马政治家和哲学家西塞罗写下这个传奇以来，这种精神就备受赞誉。

英雄的崇高思想在一定程度上得以延续，但它也面临着另一种思想的竞争。

对于马格努斯来说，责任比勇气更重要。对于不了解他的人来说，他总是显得很开朗，无忧无虑，轻松自在。但实际上，马格努斯一直背负着某种内疚感，总担心自己可能会夺走某人的生命。

"如果我是最后一个离开公寓的人，在有人回家之前所发生的一切都是我的责任。这一点我非常清楚，我会检查所有房间，直到完全放心。今天，我只是检查了电视、充电器以及所有的灯是否都关掉了。而以前，我必须拔掉所有电器的插销才放心，我甚至会把灯泡都拧下来。"

马格努斯深知电子产品有自燃的风险，这一点导致了许多不幸：过热的手机充电器、自燃的电视，他在新闻上看到了很多类似的事情。

让他无法忍受的想法是，自己的电视机会起火并对邻居构成生命危险。他怎样才能把风险降到最低呢？如果他某一次真的忘记拔出插头了该怎么办？

有很多次，他刚刚离开，又不得不再次折返，有时甚至要折返好几次。他可能需要折腾一个小时才能达到自己满意的状态，但即便如此，他还是不放心。

"然后，我会在公寓里徘徊一会儿，拍照片，只是为了确保一切安好。这就像对海洛因上瘾一样。我看了眼自己的手机，并拿起它拍照，然后我才终于松了一口气。"

马格努斯知道，自己必须想办法对抗这种焦虑。但他觉得如果自己不去排除电缆火灾的风险，就是将其他人置于火灾风险中。承担责任对他来说很重要，这意味着不让自己或他人面临风险。但承担起这个责任又会导致另一种风险，他自己要在毫无意义的排查中浪费生命。他和海伦娜的问题是相似的：要选择哪种风险？

担心和焦虑很少只是源自单一的某种风险。很多时候，我们需要在多种互相矛盾的风险之间进行权衡，一旦矛盾过多，我们就会感到困惑。

英国的一个案例就是由这种困惑所引发的一场悲剧。一个两岁的孩子在未经许可的情况下自己走出幼儿园，并把一个瓦工卷入了困惑的旋涡。这个瓦工看到了路边的小女孩，但并没有停下来帮助她，而是继续开车离开了。"她没有继续走，"他后来回忆道，"她踉跄了一下。我一直在问自己，应该回头帮她吗？"

此后不久，这个小女孩被发现淹死在了游泳池中。

在警方的审讯中，该男子解释了为什么自己没有停下来帮忙："我怕有人看到我，认为我在绑架她。"

第二部分　焦虑的历史与根源

这很容易理解。现在很多男性在让一个不认识的孩子上自己的车前都会犹豫不决。这个例子很好地说明了风险规避是如何进一步增加风险的。

如果整个社会都在继续通过规避风险来制造新的风险，那我们最终会感到窒息。在这种背景下，德国社会学家乌尔里希·贝克（Ulrich Beck）谈到了风险社会，英国社会学家弗兰克·富里迪（Frank Furedi）谈到了焦虑文化。两者的意思大致相同。

根据富里迪的说法，焦虑通过风险意识，已经从几个点蔓延到了所有的存在。世俗上的担忧比宗教上的担忧传播得更快、更远。对上帝的敬畏已经被对灾难的焦虑所取代，而道德上的顾忌也已经被风险分析取代。在人类早期的时候，人们因为要"敬畏上帝"而对生活中的很多事感到害怕，这是有道理的；但焦虑文化却从这一点中获得了矛盾的力量，认为我们只有通过足够的风险控制才能摆脱焦虑。

正如我们已经看到的，在与风险做斗争这件事上，我们可以无限走下去，没有限制。尤其是那些打着"利他主义"旗号的担忧，就像马格努斯一样，害怕别人可能会受到伤害。还有一个例子是，一项早期研究表明，在大家庭中，最常见的担忧是担心孩子们可能会发生一些意外。

于是孩子们学会不再信任别人，不和陌生人说话。这可以解释为关心孩子的安全，但也可以解释为批判性地看待他人。父母的担忧可以从孩子的活动范围中看出，更准确地说是允许孩子在没有大人监督的情况下离开家多远。经过几代人的努力，这个距离从几公里缩短到了从家到小区栅栏的距离。人们在一个被证明是危险的世界中长大，宁愿对一切保持距离，没有办法变得勇敢。

富里迪还观察到，即便意识到自己的焦虑是来自何处，也只能起到微乎其微的帮助。自从他的关于焦虑文化的第一本书出版以来，"焦虑文化"本身就被判定为一种社会风险。这样的批评是完全有道理的，因为大多数时候，人们的焦虑中心取决于大众媒体报道的焦点性危险和灾难性的事实。55～74岁的人最害怕抢劫，但实际上他们却是受抢劫影响最小的群体，这除了归咎于大众媒体报道之外，很难有其他的理由可以解释了。

对媒体与传播的研究表明，大众媒体尤其善于使用报道和新闻图片来宣传助推那些概率与风险都比较低的部分，由此影响了我们对风险的看法。通常我们对灾难发生的可能性会有一个模糊的概念，但加上令人毛骨悚然的图片，就可以让我们一下子全然了解并印象深刻。

为了影响这种风险分析模式，挪威哲学家拉斯·史文德森（Lars Svendsen）提出了一个观点：既然一个孩子被陌生人谋杀的可能性微乎其微，那么人们就应该忽略这个担忧。"一个孩子被陌生人谋杀确实时有发生，而且这是一个可怕的悲剧，但既然这样的事件如此罕见，那么孩子与陌生人的关系就不应该为此受到影响。"

尽管如此，还是有特别多的人在孩子的成长过程中关注着这种风险，因为我们对此类灾难形成了良好的想象力。

这经常会引发自我反省。我们已经知道风险评估的合理性有不足之处，但与之相对，风险评估的思维过程却是有意识的，甚至是有强烈的意识，即感到自己的那些担忧、想象和强迫性想法是不合理的，所以我们要寻求帮助。经过短暂的寻找，我们找到了可以提供帮助的人——数量越来越庞大的专家们。

但从无数的反对观点可以看出，即使是专家的观点也可能是错误的。在新冠肺炎大流行期间，瑞典走的是限制较少的路线（除其他较宽松的限制外，学校也没有关闭），这受到瑞典国内外许多专家的严厉批评。但实际上，与瑞典历史上的限制手段相比，当时的措施已经很严格了。1957年，世界各地曾暴发一种流行病，许多年轻人感染，据估计在全世界范围内造成了500万人死亡，当时的瑞典几乎没有采取任何措施。

第二部分　焦虑的历史与根源

随着新冠肺炎的传播，问题不断出现，很难说疾病和限制措施哪个产生的后果更糟。专家们意见不一，许多人强调宵禁或强制关闭等限制措施将会导致经济危机。由于失业和贫困总是与酗酒增加和自杀率上升密切相关，人们担心遏制冠状病毒的严厉措施只会导致其他方面的死亡人数增加。

另一部分人则强调，危机与高死亡率之间的联系并不总是那么密切。如前所述，在重大经济危机期间，由于压力的减轻和事故的减少，死亡率反而有所下降。还有一些研究表明，随着工作时间的增加，环境污染也会增加，经济繁荣会对健康产生更多负面的影响。然而这种联系并非在所有危机中都存在，专家们又如何知道它什么时候存在，什么时候不存在呢？

通常这种联系只有在事后才会变得清晰。例如，2001年9月11日的恐怖袭击之后，世界各地机场的安全措施都得到了加强，以保护乘客生命安全。一个直接的后果是，机票变得更加昂贵，航班经常延误。因此，许多原本会选择短途飞行的人更有可能选择自驾出行。汽车是比飞机更危险的交通工具，由此交通事故的数量有所增加。在"911"恐怖袭击事件发生十年后，估计有2300名美国人死于和机场加强安全措施直接相关的交通事故——与实际袭击中的死亡人数大致相同。风险管理的灾难性后果甚至会更加直接，如1991年秘鲁的霍乱疫情：在氯被证明具有轻度致癌性后，政府决定停止使用氯来净化饮用水，导致70万人患上霍乱疾病，数千人因此死亡。

但目前这些问题尚未引起人们的重视，从而对风险和危险采取不同的应对方式。在学术上，这种把控制风险当作护身符般的做法经常会引发批判性讨论；但在政治上，我们仍然需要高标准的风险监控：即便要寻找其他的应对方式，首先我们也必须有效地应对风险，应对因风险规避而产生的额外风险。我们必须这样做，不是基于计算分析或科学，而是出于文化要求。

感知差异：如何体验风险决定我们对世界的看法

如何体验风险会改变我们对世界的看法。对于一个胖子来说，肚子上堆积的是脂肪，而不是其他物质的集合。用"脂肪"这个词，可以表明我们是谁。在大多数时候脂肪都是胖的象征，但今天我们只能通过了解它所涉及的风险来理解脂肪。

仅凭脂肪就足以让亲人、医生和陌生人评论你的生活方式。脂肪决定了别人会如何看待你，以及你如何看待自己。它塑造了你的认知。

脂肪可能导致什么样的后果，或者可能会产生什么样的危害，这无关紧要。回顾历史，人们最担心的事情都是后人会置之一笑的东西，因为它们并没有真正的危险。

在19世纪末，瑞典有许多令人担忧的事情：人们死于贫困；平均年龄不到50岁；流行病肆虐；几乎每五个孩子中就有一个活不到五岁；最穷的人死于"饥饿发烧"；只有最富有的人才能投票；越来越多的流浪汉被抓起来强迫劳动；最高刑罚是用斧头斩首的死刑。

即便如此，还有其他问题困扰着人们。在1905年的瑞典畅销书《男人的家庭生活》（*Mannens släktliv*）中，作者、医生兼议员威廉·雷特林德（Wilhelm Wretlind）收到了大量征求意见信。这些人似乎对周围猖獗的死亡一无所知，他们关注的是完全不同的事情。比如一个人被自己17年前做的事情所困扰，他害怕这种"恶习"会对他的健康产生负面影响，他还发现了自己的很多症状：梦遗过多、乏力消瘦、大便不畅、神经易受刺激。

他写道，自己快35岁了，但从未结过婚，也从未与女性发生过性关系。像那个时代的许多其他人一样，他担心自己不负责任的行为会让他无法和别人生活在一起。他想净化自己的身体，却又不知道怎么做。水疗？

溴化钠？体操？外科手术？他几乎无法用语言表达自己的罪过，他能找到的最合适的词只是"手淫恶习"。

为什么手淫可能带来的后果，比在那个时代夺走了很多人生命的疾病更让他焦虑呢？为什么他在开车时没有害怕死亡？为什么他在隆冬时节因雪橇坏了而被困在树林里时也没那么害怕？或者说被生锈的钉子扎伤后得了破伤风对他来说不严重吗？与想象出来的困扰相比，那些现实的困扰不是更值得担心吗？

此外，这位来信者还把知识当成自己的盟友。不止是他，250多年来，无论是基督徒还是启蒙哲学家，包括伏尔泰、卢梭和康德，都谴责过手淫。与其说是出于敬畏，不如说是出于健康原因。

自18世纪对手淫的研究开始以来，人们就发现它的副作用与其他医疗风险相比并没有那么严重。但这还不是最荒谬的，直到19世纪，人们还认为腐烂、潮湿的空气会导致疾病的暴发和流行；直到20世纪，遗传学中还存在一个专门研究种族通婚的分支，人们认为这可能导致高发精神疾病、后代犯罪率增加等很多不良后果；就在2000年，亚拉巴马州41%的国会议员投票通过，成为美国最后一个保持跨种族婚姻禁令的州。

正是图片和新闻宣传特别强调了手淫的风险。雷特林德博士在该领域享有国际声誉，他在自己的书中列出了所有男性自慰者可能出现的症状：面色苍白、目光呆滞、眼圈发青、姿势懒散、手脚冰凉、长粉刺、冒冷汗、心律不齐、睾丸萎缩等。"连肢体也会萎缩。"他强调说。但作为一位严格的经验主义者，他拒绝接受18世纪的自慰会导致脊髓萎缩的理论。

他用无法撼动的统计数据来支持自己的论点，因为瑞典精神病院中多达11.28%的"新入院疯子"被判定为因手淫而发疯。他还描述了那些因手淫死去的人，和在绝望中用刀切除自己睾丸的人。

"我会结婚吗？"来信者问道。

"不，他不会。"雷特林德回答说，至少"在接下来的 12 个月内"不会。在这 12 个月里，男人必须远离一切可能刺激神经的东西。换句话说就是：一切与性有关的事，以及酒精、过度的夜生活和暴饮暴食。他还推荐了常用的治疗方法：坐浴、冷水疗法、体操和冰敷，以此防止夜间遗精。

显然，马克斯·韦伯并不是同时代中唯一关心这个问题的人。

最引人注意的一封信来自一位母亲，她发现自己的宝宝手淫，为此感到十分抑郁。她说，她的儿子五个月大的时候就"犯了自我玷污的罪"。雷特林德带着科学家的冷静，描述了刚出生没多久的孩子，是如何像被驱动的机械一样进行这个行为的。

"男孩刚一躺下就立即将右腿猛地甩在左腿上，不停揉捏夹在中间的那个部位，直到它僵硬为止。与此同时，他的呼吸也变得急促起来，脸颊通红，眼中泛出陶醉的光芒。"

即使是成年人之间也会有这种怀疑。有一个最著名的事件：作曲家理查德·瓦格纳（Richard Wagner）与尼采的友谊即将结束的时候，他联系了尼采的医生，与其讨论尼采不断恶化的偏头痛和视力障碍的治疗方法。他曾经观察到其他人有同样的症状，因此瓦格纳给尼采的医生写信说道："我几乎可以肯定，这些都是他自慰的后果"。

医生在答复中重申，他的诊断与瓦格纳的推测不同，但仍不排除尼采是手淫者的可能性。如果是那样的话，"鉴于这种罪孽很顽固"，医生很难帮助他。

有很多迹象都表明尼采后来知道了这封信的内容。那些担心虽是善意的，但却令人感到羞辱。很多研究尼采的学者都指出，导致瓦格纳和尼采之间友谊破裂的原因，可不仅仅是两个人意见相左。

雷特林德等医生收集了大量的手淫症状，发现这个行为所能造成的最大风险是担忧。"一种真正的、最高级别的自我蔑视正在发展，"雷特林德写道，"由此，心情郁积往往会发展得很极端，以至于当事人变得没有追求，对生活丧失热情，觉得活着只是一种负担。"

然而，昔日被视为毁灭的行为今日却遭遇反转：1968 年，美国的《精神障碍诊断与统计手册》删除了手淫，不再将其判定为精神障碍。现代医学认为手淫是一种健康的活动（尤其是它可以预防各种性传播疾病）。一项流行病学研究还表明，手淫可以增强免疫系统，并降低患前列腺癌的风险（根据这项研究，男性每月需射精 21 次来保持健康）。

风险可以在完全脱离现实的情况下让世界持续祛魅，这时图片和故事就足够了，就像那些有可能性的风险一样，就像肥胖或普通疾病会导致儿童死亡一样。

它可能是其他的方面。发现存在的风险并采取必要措施，不见得就会决定生活的走向。让风险失控是 kufungisisa（想得太多），它的意思是消失在反事实的思想世界，而不是停留在此时此地的现实中。这就是解脱之钥的藏身之处。

在我们的生命中，很多原本想要做的事情，会被各种不得不考虑的风险限制住，在对风险的思考过程中，我们的意志力也会被逐渐消磨，然后人就会变得越来越不爱自己思考。这也是政治领域特别依赖的一种对人的统治手段。

集体意识的投射：社会如何塑造我们的焦虑

巴黎解放后不久，让－保罗·萨特（Jean-Paul Sartre）在美国《大西洋月刊》（*The Atlantic*）中描绘了自己在第二次世界大战中的经历："没有哪个时候，比在被德国占领时期更自由。"

他的意思是，德国的占领使得法国人不必再决定如何处理自己的生活，只有抵抗是唯一的出路，这时每个人都站在正义的一方。而占领军是外在的需要，促使人们专注于如何做这件事情，而不是为什么做。

但生活只在某些特殊的情况下才会变得如此简单。大多数时候，什么是对的，什么是错的，并不是那么明确：要么没有可以遵循的规范，要么存在自相矛盾的地方。你自己的意志像北极上的罗盘指针一样摇摆不定。我们在人生的猜测中一路走来，有时这种不确定性会一直伴随我们直到死亡。

承受这种不确定性既需要力量，也需要能力。但如果一个人从来没有发展出这种能力，该怎么办呢？

由于家庭生活相对混乱，因此工作时间被认为是相对轻松的。出于同样的原因，我们陷入了一种境地，任何形式的政治决策都需要外界的必要条件作为参考——某种为决策指明方向的东西。但我们对理想社会的看法，很少被拿来当成政治辩论的主题。如今的政治更多地关注如何应对潜在的风险，已经在地球上肆虐的火灾和未来可能发生的灾难比起来，更不容易引起大众关注。

当然，也有例外情况。除非给出足够的改变理由，我们才会有所作为。这样一个事实足以引起政治关注：在美国或瑞典等国家，七分之一的人正在服用精神类药物，而那些还没有服用精神类药物的人群中，精神健康欠佳的人数应该也很多。即使政客们指出，越来越多的人开始服用精神药物，形势十分严峻，也不会给现实带来多少改变。至于那些一开始人们就表现很糟糕的事，却极少会引起关注并出现在社会辩论中。

几年前，一项发现引发了政治上的行动。因为镇静剂和抗抑郁药都会通过身体再次排出体外，所以几位瑞典研究人员决定调查这些药物的浓度是否会对水生物构成威胁。调查结果是可怕的：即使是低浓度的抗焦虑剂也会让鲈鱼变得兴奋贪食，抗抑郁药会使三刺棘鱼和斑马鱼变得没有食欲，繁殖能力降低。

目前各国都在动用大量的财政资源解决这个问题。但这些资源不是为了帮助精神健康欠佳的人进行医药化学研究，而是投入到生态平衡保护中。因为一旦野生动物受到威胁，生态平衡就会被打破，因此政治可以根据该风险做出必要的反应。

风险政治的核心思想就是：永远做最坏的打算。一旦生态系统的平衡受到威胁，我们生存的基础就会受到威胁。没有人可以质疑预防环境灾难的意义。另一方面，人们的精神健康变得糟糕是一场已经发生的事实性灾难，显然是可以忍受的。建造过滤设施，过滤掉饮用水中的制剂残留物来预防未来的灾难，才是重点。

在西方社会对各议题的辩论中，无论老牌政客正在回答什么问题，人们普遍的做法是拿可能导致的风险去进行反驳。正如德国哲学家于尔根·哈贝马斯（Jürgen Habermas）所说的那样，政治已经变得很"消极"。这是避免整个社会系统中不断出现错误的一种手段。反事实的想法即"可能是什么"的问题，就不会被进一步追究了。

我们可以想象一个社会崩溃时的无数场景，但我们却很少想象一个高度发展的民主可能是什么样子。这就是所谓的后政治的本质：对现状的官僚管理。由于风险管理旨在防止未来的损害，因此，政治的底色是保守。

目前的新形势是，保守政治已经渗透到了方方面面。在过去，基于风险的政治会受到相对更愿意冒险的反对派的挑战，但这种情况在当今几乎消失了。即使是右翼民粹主义政府也选择规避风险的路线。如今，到底要"右"还是"左"，更多的是如何评估确定各种风险，排列各种风险优先级的问题。

激进派政党要求进行政治改革的呼吁现在也更温和了。投票权逐渐扩大，妇女、穷人、低收入者、福利领取者都被囊括在内。在瑞典，从1989年起认知障碍者也开始有投票权，这也是实施全面风险衡量改革中的一个典型的例子。随着选举法、劳动法涵盖范围的不断扩大，福利国家常常因

145

其政治衰落和管理不善被保守派提出警告。尽管如此，改革还是付诸实施了，这并不是因为存在另一种相反的风险，而是因为这些改革被赋予了道德上的自我价值，"想得到总要付出代价"。

随着时间的推移，即使是对未知的、源于乌托邦的"非场所"①的渴望，也被对"毁灭"的恐惧所压制。这种压制太强烈了，以至于被压制者会完全陷入风险的阴影中，并经常被乌托邦主义者拿来当作应对未来危机的唯一手段。这一点在马克思身上能明显地看到，尤其是在他生命的最后阶段，他坚定地认为资本主义必然会自我毁灭。在马克思看来，共产主义不仅是一个乌托邦，而且是"历史的必然"，正如以前资本主义的到来也是历史的必然。

毒化环境、核战争威胁和人类自我毁灭这些字眼，都是乌托邦所需要的光芒，至少目前大多数乌托邦式的社会愿景都利用了其中一点：全球变暖所带来的真实后果。

我们要认真应对这些风险，这一点毋庸置疑。风险总是存在的，而且大多数时候，我们勇敢地承担风险都是有益的。我在这本书里也承认了一些风险，比如出现心理健康问题的风险。在某些情况下，解决人们的焦虑比让他们做出改变更有效。

显而易见，这些危险从根本上影响了社会的组织方式，但它们却很少真正威胁到我们的生存。地球正在变暖，人们为此采取了各种措施，但几乎没有任何作用，无数报告和文章已经对这一事实进行了分析和陈述。全球变暖的风险不是一个隐蔽的秘密，而是一个扣人心弦的故事，伴随着无数震撼人心的图片（沉入大海的北极冰山、被淹没的海岸、干旱、饥荒）。

---

① 非场所（non-place）是法国人类学家马克·奥热（Marc Augé）提出的一个新词，指人类在其中短暂停留、保持匿名，且没有足够的重要意义而不被视为"场所"的人类学空间。——译者注

第二部分 焦虑的历史与根源

为什么迄今为止大规模的民众醒悟并未爆发呢？这仍然是社会科学中的一个谜，也是一个正在不断扩大的研究领域。但是，如果人们彻底摆脱了风险政治，那么至少会出现以下三种预期风险。

风险1：毁灭成为一种魅力。人们总是假设对灾难的提前预警会引发恐惧和惊骇，但这一点还值得进一步探讨。我在这本书的开头已经提到了抑郁症和焦虑症的全球统计数据，包括认真考虑过自杀的人数。一件事能够激发起人们的恐惧和惊骇，也意味着它有一天会被人们完全接受。但如果人们不接受会怎样？如今，世界末日这个字眼非常有利可图，常作为叙事的主题出现在娱乐业中，比如出现在全家人一起观看的电影中，以及木偶戏、芭蕾舞和歌剧中。犯罪和恐怖的主题只会引发惊恐，但世界末日的主题却极具魅力。像一些社会学家和哲学家推测的那样，毁灭是一种值得期待的"最后的和弦"——那是最后的邪恶，人们就像撕掉最后一块恼人的膏药一样，这是期待已久的改变，无论好坏，它终于来了。

风险2：纯粹的推算被伦理动摇。人们一旦确定有风险，就需要立即开始寻找合适的对策。这种对策不一定是政治性的，也不一定涉及重大的社会改革。可再生能源和核电站都可以成为阻止全球变暖的技术解决方案。那些被认为可以建立起全新社会形态的唯一解决方案，都需要承担很大的举证责任。举证中必不可少的两点是：资本主义允许哪些技术进步，以及国家干预在多大程度上能够提供帮助。如果讨论仍然停留在纯粹的技术层面，就会直接导致风险3的出现。

风险3：不同风险之间的相互对立。在推算各种风险的过程中，对于每种风险可以导致什么灾难这个问题，每一个建议都会延伸出进一步的风险推算。那些想要摒弃保守政治的人，很难去说服别人，因为每一次重大的结构变化都意味着进一步向未知世界的迈进。从数学层面上讲，保守措施往往表现得更好。经济学家威廉·D.诺德豪斯（William D. Nordhaus）开发了一种模型，用来评估阻止全球变暖的政治尝试会对经济产生多大的抑制作用。这个模型使诺德豪斯获得了 2018 年诺贝尔经济学奖，然而该模型本质上就是不同温度所造成损害的纯粹数值模拟——其前提是，宁可"淹没海岸并让物种死亡"，也不要"对经济增长造成损害"。道德讨论被简化为纯粹的数字游戏，在这种游戏中，保持现状的观点总能获胜。

内心的抗拒：我们如何成为自己的敌人

在一家非常好的餐厅里，海伦娜正在吃奶酪三明治，她说服后厨专门为她做了一个。她已经习惯了这种谈判方式——让餐厅去做菜单上没有的东西。

"我确定，有时复发也会带来一些好处，"她说，"就是在我非常沮丧，并对其他任何事情都不感兴趣的时候。"

"毕竟处于风险中心的生活太过紧张，也要让人偶尔休息一下。当经历了各个阶段后，医生把手放在你的胸口，宣布你很健康，于是你从绝望中得到解脱，这就像一场冒险。"

然而，海伦娜有时还会担心另一种疾病，在那种担心中，她最后会获得前所未有的释放感。

"在过去几年里，我发作过两次，就像傻瓜一样。搞笑的是，被称为精神病患者的话，连我自己都觉得不太对劲。我被伤得很厉害，太疼了，不堪回首。"

毕竟一个具备典型症状的真正精神病患者，很少会意识到自己患了精神病。于是海伦娜开始四处打听：你觉得我冷漠吗？我是否做了一些刻薄的事情但自己没有意识到？

想要弄明白自己是否患有精神病，与观察自己是否得了肺癌不同。如果海伦娜去找心理医生并告诉对方自己所有不正常的事，医生可能会同意她的观点并确认她是一个精神病患者。精神疾病不能通过 X 射线或血液检查来确诊,但要如何可靠地确诊呢?仅仅依靠一个人的口述吗?

海伦娜甚至已经到了这一步:当她把自己的豚鼠翻过来看它的两腿之间时,类似的过程又开始了。

"我这样做是因为我很好奇,想知道它两腿之间是什么样子的,"她说,"当我这样做时,它看起来很受伤。"

她模仿了豚鼠当时迷茫的面部表情。"它看起来像是在问:'你做了什么?'"

海伦娜突然觉得自己调戏了豚鼠。经过这件事以及由这件事引发的各种联想之后,她整整一个夏天都被困在这个想法里:自己是个变态。只有当她把这件事引发的焦虑告诉一个信任的朋友时,这种担心才消失了。

然而,她无法从自己的心理医生那里获得这种解脱感。那是一位女心理学专家,当海伦娜觉得自己有精神分裂症时会去向她寻求帮助。

"每次谈话开始时,我都会问她,她是否认为我患有精神分裂症,然后她会回答说:'不,海伦娜,你没有精神分裂症。但你很困惑。'每次都是这样。"

时间慢慢过去了,海伦娜却没有好转。无论心理学专家如何努力说服她相信自己没有精神分裂症,她都无法做到,仍强迫般地相信自己就是患有精神分裂症。她无法控制自己身体的疾病,但是她可以控制自己心理的疾病,她就那么呆在自己的心灵当中,将危险区域扩展到自己所有的思想和感受。

六个月后,海伦娜像往常一样问道:"我是不是精神分裂症?"

心理学专家无奈地看着她。

"我不知道,海伦娜。我不知道。"医生就像害怕一个疯子让自己也发疯一样。

第 8 章
你也是风险的一分子

"没有爱情这回事，只有恋母情结、阉割情结、吸引力、冲动、强迫。"

安妮的声音里充满了悲伤。40年来，她一直坚信这个真理。

"我很明白，没有真正的爱，尤其是没有无私的爱。不压抑意志、不操纵对方、没有伤害，或只是为了得到性满足的真爱，都是不存在的。"

小时候，安妮很孤僻。她宁愿和父母呆在家里，也不愿意出去和其他孩子一起玩。她喜欢独处是有原因的，也不是什么复杂的原因，只是她更喜欢自己呆着。

父母一直为此感到担心，终于在她12岁时把她送到了精神病院。安妮回忆说，这就是第一个步骤。

"他们做了必须做的事，"她用法语慢慢地说，这样我就能够跟上谈话节奏了，"他们觉得，只要可以和心理治疗师交谈，我就没那么紧张了。很遗憾，当时可能只有精神分析师。"

那是20世纪80年代的巴黎。第一次去精神病院时，三个人面对面坐在那里。她立刻注意到他们说话的方式和自己说话的方式不同。"就像在说一种神秘的语言。他们所说的一切和我所说的一切，都各有意味，互不相干。"

他们决定让她接受精神分析。因为她还是个孩子，一周去两次就够了。

安妮记得，最初的几次谈话让她既痛苦又尴尬。她的心理分析师年龄大约在 30～40 岁之间，是个漂亮的女人，有着纤细柔软的直发。安妮等着她开启谈话，或者至少问问自己过得怎么样，但她什么也没说。

长久的沉默让安妮感到空气都凝固了。她觉得喉咙打结，手心冒汗。

经过几个月的磨合，安妮学会了在面谈时该说什么。她会为每一次面谈做准备。她会留意自己在学校都看到了什么，并讲述课堂上发生的事情。在谈话中，她总会留下空档时间，以便分析师发表评论。她开始慢慢地期待她们的谈话了，精神分析就像智力训练一样。她喜欢反思并质疑自己，学习并了解他人的行为。随着年龄的增长，她开始阅读更复杂的文学作品，她与分析师成了一对出色的谈话搭档。她借了几本西格蒙德·弗洛伊德的书，觉得内容很有说服力。当然她并不是什么都懂，但她的分析师居然能应用那些书中的内容，太厉害了。

"在当时，通过精神分析的视角来看待世界非常流行，在治疗以外的领域也是如此。即使在今天，弗洛伊德的遗产在我们的日常语言中仍然有所体现。我们依然谈论着恋母情结、阉割情结以及儿童变态这些事。我记得在学校里也学过，孩子是古怪的，是变化多端的，因为成长过程中会有口欲期和肛门期，等等。"

现在的安妮已经可以找到这些谜团的源头了，但她对自己的孤僻只字未提。相反，她看着它愈演愈烈，总是发现新的事情要担心，然后变成了焦虑症。除此之外，她还患上了当时被称为社交恐惧症的心理疾病，她无法和同学一起玩，甚至不能直视他们的眼睛。

这些都没有引起女精神分析师的兴趣，她仍然没有询问安妮的健康问题。总的来说，这位美丽的女人似乎对自己的病人越来越没有耐心了，从她的目光已经看出她的心不在焉了，她每点燃一根烟，房间里就会变得雾蒙蒙的。

安妮突然意识到她是来寻求帮助的。她不应该抓住机会寻求帮助吗？

于是经过三年的治疗后，她终于鼓起勇气向女精神分析师讲了一个自己真正的问题：血液恐惧症。安妮非常怕血，以至于她从未参加过体育课或校园里的任何游戏。三年级时，生物老师给他们看了一部长达一小时的关于心脏移植的纪录片，安妮的恐慌症发作了，虽然只是持续了几分钟，但那感觉就像是度过了几个小时。她简直快要晕过去了。在那之后，她开始害怕上每一节生物课。

即便如此，她仍未引起女精神分析师的任何兴趣。分析师看上去很烦躁。当安妮停下来等着她发表评论时，她就像是突然充满了能量，安妮从未见过她这样。她仍然记得精神分析师当时所说的判断，记得每一个词。

"你好像很明白自己为什么害怕血。但你还不明白是什么困扰着你吗？这很简单。"

她问安妮是否从未用镜子检查过自己的性别。当安妮回答说她没有时，精神分析师说，对于她这个年龄的女孩来说，这很不正常。安妮感到很害怕，然后精神分析师继续说："但是这种不正常从哪儿来呢？"

"因为你害怕，你很清楚男人的阴茎会膨胀，直到血管和静脉都显现出来。你也会有一些肿胀，因为外阴唇充满了血液。你的血液恐惧症就是对性的压抑和害怕。"

安妮当时15岁，还从未见过这种状态下的男性。她感觉脸颊在发热，太尴尬了，她不敢抬头，接下来的谈话只剩下无言以对。

血液恐惧症的问题就到此为止了。安妮在一段愉快的阅读中了解到，梦很重要，于是她开始讲述自己梦中的事情。刚开始的谈话对安妮来说还是安全的，但后来女精神分析师认为自己已经完成了对安妮的分析，她补充了一些很惊人的提示来支持自己的言论。

比如，安妮描述了一个发生在医院的梦，梦里她身边有好几个人，只有一个她认得出来：她一年只见几次面的男心理医生。他提着两个满满的牛奶桶四处闲逛，问她要不要一些牛奶。那就是整个梦的内容。

然而，这个梦里的男心理医生引起了女精神分析师的注意。

"你说桶里有牛奶，"她说，"如果是别的呢？"

安妮不明白她在说什么。

"除了白色的牛奶，还有什么？"她坚持问。

她不知道女精神分析师指的到底是什么，于是安妮又被上了一节关于男性性行为的课。毕竟，白色液体代表精液。当讲到这一点时，几乎没有别的梦比这个更让她印象深刻了：女精神分析师认为安妮是不知不觉地想要男心理医生的精液，想和他睡觉。

"这就像一个过滤器，通过它后，一切都会变成负面的，"女精神分析师这样说，"尤其是恋爱关系。"

很快，无论安妮说什么都不重要了，最后谈话都会通向阳具。

她更明显的问题被该女心理分析师判定为某种"症状"，严重到安妮几乎不敢离开家，因此她大学的前两年过得相当糟糕。她不敢再乘坐公共汽车和火车，于是她错过了越来越多的治疗课程，然后女精神分析师建议她骑自行车。

安妮试图解释，交通方式并不重要，她只是太害怕离开家了。她害怕

153

其他人会看到她惊恐发作的疯样子，并导致交通堵塞。她本来很喜欢骑自行车，从小她就喜欢骑自行车，但这时就是行不通。

对于安妮不想骑自行车的原因，心理分析师有另一种解释。自行车上有一个鞍座，鞍座下方有一个横杆，肯定是这根杆子让安妮感到兴奋吧？

经过七年的精神分析，安妮开始失眠。她醒来时会心跳加速，会有不好的想法。那真的是她的青春吗？那个同龄人都好好活了下来并征服了世界的青春期？她的父母把她送去图书馆，她在那里借了有关其他心理治疗形式的书籍。当她告诉女精神分析师这件事时，对方很不高兴，并觉得精神分析才是唯一有效的疗法，其他方法都是骗人的。

此后不久，她向安妮解释了不想离开家的问题。

"你害怕外出不仅仅是因为你害怕自己的性取向，害怕接近男人。而是因为你妈妈现在终于重回工作岗位了，所以你试着亲近你爸爸，用这种方式来取代她的地位。"

于是安妮一生中最黑暗的日子开始了。自我厌恶感紧紧束缚住了她。她再也不敢直视父亲的眼睛了，她避免接触钢笔，不敢再看走廊上太空火箭的海报。她所看到的每个地方，都能认出男性性器官，这让她感到害怕。

就好像女精神分析师似乎从一开始就是对的。

模糊的界限：我们总是一部分正常，一部分精神错乱

在 20 世纪 30 年代的时候，俄罗斯心理学家亚历山大·鲁利亚深入乌兹别克斯坦的山村进行了大约 50 次走访，不仅研究了前现代生活条件与反事实思维之间的关系趋势，还调查了农民是如何看待自己的，也就是说，他们的"自我分析"能力是怎样的。

与有阅读能力的人对话时，他们大致可以按预期进行，会谈论自己是否愉快、真诚、担心或容易生气；而和那些没有阅读能力的人几乎无法好好交流这个主题，他们要么拒绝谈论有关积极或消极的问题，要么在被问到相关问题时，只会从一些具体的、物质的方面来描述自己的生活。

与 18 岁农民努尔马特的对话是这样的．

鲁利亚：你的弱点是什么，你希望改变自己的哪些行为？

努尔马特：……对我来说，只有一件工具和两件衣服，这些都是我的弱点。

鲁利亚：不，我不是那个意思。告诉我你是什么样的人，你想成为什么样的人，以及两者之间有区别吗？

努尔马特：我很愿意变好，但现在我太差了，我的衣服太少了，所以我不能去其他村庄。

鲁利亚："善良"是什么意思？

努尔马特：有更多的衣服 。

受访者以自己的经济状况或行为描述自己的性格。以 55 岁的农民希拉尔为例。

鲁利亚：你认为所有人都一样吗？还是有区别？

希拉尔：不，他们不一样。有区别（他举起两根手指）——这是地主，这是农场工人。

鲁利亚：有个体差异，所以你认识的人之间有差异吗？

希拉尔：人们只了解他们自己。

鲁利亚：你怎么形容自己？你的性格怎么样？

希拉尔：我的性格很好。即使我面前是一个年轻人，我也会使用敬语称呼他，我很有礼貌……

鲁利亚：这个村子里住着一些人，你觉得他们都是相似的吗？还是不同的？

　　希拉尔：他们有自己的想法，说不同的话。

　　鲁利亚：将自己与他们进行比较并描述您的性格。

　　希拉尔：我是一个好脾气的人，与大人物说话时我就像个大人物，与小人物说话时我就像个小人物，与中等的人物说话时我就像个中等的人物……更多的我就不知道了，没有更多的了。

　　希拉尔和努尔马特显然知道自己是谁，但当鲁利亚问起时，他们却通过环境或行为来描述自己的性格。要让他们以其他的方式进入自己的内心，对他们来说就是完全陌生的思维方式。即使在今天，文化差异仍然存在。例如，一些社会心理学实验发现，美国人绝对更喜欢思考个人的状态；而中国人、日本人和韩国人则倾向于将自己和其他人联系起来思考，并结合了对环境和行为的感知。

　　这是一个非常重要的区别。一个生活在19世纪的人会因为自慰带来的风险而感到担心，而对性变态的担心则要到很久以后才出现。

　　对可能发生某些事（而不是已经做了某些事）的担忧到底从何而来？

　　大约300年前，欧洲医生就为可能暴发的流行病发出警告，人们称之为对流行病的焦虑。从那时起各种新的名称开始出现，用来描述不同类型的担忧和害怕。在很长一段时间内，英国医生乔治·切恩（George Cheyne）的术语在精神病领域占据了主导地位，他在1733年出版的《英国病》（*The English Malady*）一书中描述了对焦虑的诊断及其所有的变体。

　　像他那个时代的大多数医生一样，切恩受到笛卡尔机械本体论的影响。在笛卡尔的二元论模型中，灵魂是神圣的，所以人们不能谈论精神疾病。于是切恩提出了一个设想并被广泛传播：心理问题是在神经中存在的。直到今天，这种设想仍然在"神经质"和"神经症"之类的术语中有所体现。

第二部分　焦虑的历史与根源

切恩还为大众提出了一个关于担忧的医学理由。

人类可能遭遇的所有心灵痛苦，神经紊乱是最高、最极端的形式，是最可悲的、最糟糕的。

他的分析中不仅仅包含神经。神经问题并不是由人体机器的意外磨损引起的，而是由社会条件引起的，尤其是繁荣的经济、奢侈的生活方式、消费的增加和脑力劳动的过度——在这些条件下，神经问题会呈爆炸式增长，尤其是在英国上层阶级中。

根据切恩的说法，神经紧张的蔓延是一种流行病：在英格兰几乎三分之一的病人中发现了这种类型的神经疾病。这可能是心理学诊断第一次被赋予流行病学的价值。

18世纪，更多的医生提出了流行性神经病的观点。在荷兰的乌得勒支市，甚至出现了"神经疾病为什么越来越多"的主题论文征文。

"嗯，在19世纪初的时候，"一位医生在稍晚的时期写道，"我们毫不怀疑，神经紊乱与发热感染一样普遍。"

不同类型焦虑症的流行蔓延，导致了人类对精神世界的重新审视。精神错乱也会影响一些重要部门的工作人员，尤其是影响到了上层阶级。神经敏感使他们变得特别脆弱，但不是每个人都能达到精神错乱的程度。那些紧张、偏执、神经质和患有恐惧症的人仍然在工作，这些人生活得不错，住在家具齐全的房间里，总是有很多工作，有时甚至会因为巨大的成就而被载入史册。那时候的医生强调，精神错乱只传染部分人而非所有人。

当精神分析取得突破后便成了理论基础。精神分析取代了笛卡尔的身体机械理论，更加动态地看待"无意识"（这个术语存在已久，出现于弗洛伊德之前，以其难以超越的解释成为心理学领域很受欢迎的一部分）。

但不管一个人的问题是从身体还是从心理开始的，都被看作"一个被分成两部分的单独个体"，一个"一部分正常，一部分精神错乱"的人。正如法国医生菲利普·皮内尔（Philippe Pinel）所说，更重要的是，那部分"健康的自己"可以对"病了的自己"进行思考。

这时很盛行的一个观点是，个人所处的环境对健康或疾病没有影响。虽然在如此短的时间内出现了这么多类似的问题，确实需要进行社会分析，但是当研究者开始研究那些受影响者的意识水平、人格模式、认知方式和神经递质时，发现内在问题已经如此之大，以至于外部环境都无法在分析中占有一席之地了（除了作为"压力源"）。人们在进行一个思考之后，又会很快深陷反思性的思考漩涡中艰难徘徊无法突破——对思考进行思考，对感受进行感受。于是人们学会了防范内在的危险，而与外部的关系却变得越来越不重要。但与外部的关系仍然是必须考虑的一部分，是不可避免、从未改变的。

情感困境：孤独如何加剧了焦虑

直到今天，安妮都不明白，女精神分析师为什么从来不问最该问的问题：关于她的孤僻。

"其实并没有那么复杂。我很孤僻。她知道这一点，但她从来不想知道原因。"

事情并不难解释。安妮喜欢自己的父母，和他们在一起会感到很自在。她是他们唯一的孩子，除此之外没有人与他们更亲近。但她家的公寓只有40平方米，所以她从来没有邀请过任何朋友来自己家玩。她不想让任何人看到自己的生活，也不想被问起自己的父母为什么不工作。

安妮的父母过得并不好。他们情绪低落，常常会焦虑，甚至好几天都不会出门。安妮很清楚这件事给自己带来的伤害，她不得不独自坐在精神病院的候诊室，而其他孩子则是父母陪着一起来的。她非常清楚，对父母的状况做出一个合理的解释是多么困难。

五岁的时候她自己做出了一个承诺：要保护父母免受这个世界的影响，因为这个世界并没有善待他们。她想要父母避免窘迫的状况和不必要的开支，因此她不愿意去电影院或马戏团，也不愿意去其他孩子的生日聚会，以免自己全家人要被邀请去参加庆祝。

为了守住自己的承诺，她主动变得越来越孤僻。但精神分析却切断了她最后的社会联系：当女分析师暗示她可能患有"恋父情结"时（那是弗洛伊德提出的名词，意为"一个对父亲产生性迷恋的女儿"），她与父母的关系也受到了毒害。

"在教派中也会发生非常相似的事。一个人会将自己与他人隔绝，甚至与自己的家人隔绝，而我要与自己的父亲隔绝。当我开始以怀疑的眼光看着父亲时，我不想继续这样了。他们把你拉进了扭曲的想象中，并希望他们想象出的那些事情就是你的真实情况。"

安妮的这种孤僻并不是个案。从历史进程来看，我们的生活正变得越来越孤立。然而，这是一个缓慢的过程，我们周围的人变得越来越少。游牧团体、村庄团体、宗教团体、大的家庭都处于不断瓦解的过程中——现今在绝大多数情况下，只有具有工作关系的人和核心家庭的人之间还有联系。

在20世纪，独自生活的人变得越来越常见，这种情况在前工业化社会中很少见。这种发展趋势在20世纪下半叶进一步加速，在今天的德国，42%的家庭为独居家庭；在斯德哥尔摩和巴黎，这一比例甚至超过60%。

当然，独居并不意味着在家庭之外没有更多的社会联系。美国社会学家罗伯特·普特南（Robert Putnam）指出，单身家庭的增加还可以追溯到像团体结社、社会运动、党派聚会和其他聚会这样的场所性聚会越来越稀少的事实。甚至在家庭内部，这种情况也逐渐扩大了。普特南写道："在20世纪最后四分之一的时间里，家庭成员聚在一起的情况越来越少。"家人一起用餐，或假期和宗教节日聚在一起庆祝的次数越来越少，一起聊天或看电视也变得越来越不寻常了。

自20世纪60年代以来，在高工资国家中30%～50%的人表示自己经常感到孤独，其中10%～30%的人表示感到极度孤独。美国的一项研究调查了人们有多少亲密的朋友，1985年最常见的答案是：三个亲密的朋友；而20年后，最常见的答案是：零。

生活方式与幸福之间的相互依存关系，在孤独和精神疾病的背景下最为明显了。长期以来的研究表明，心理健康问题通常先于孤独出现，孤独之后是绝望，再之后是焦虑和抑郁。其后果是很严重的，那些没有朋友或伴侣支持的人更容易患上抑郁症。

让我们从网络成瘾这个背景来看待这一点：今天，许多人认为社交媒体的程序设置得很反人性，让用户沉迷于社交媒体的网络世界，以至于忘记了与真实的人会面。但研究表明这两者存在着相互作用：通常只有孤独的人会在网络上寻找消遣和社交，一旦他们陷入网络社交，就更不会出去见别人了，这又进一步增加了他们的孤独感。

但并不是每个社会进步都会带来负面的影响。随着历史的发展，许多原本很令人压抑的事情，被摩登的现代生活逐渐消解了。然而，日益增加的孤独感给我们带来了新的问题，让我们变得更糟，更脆弱。人们相信心灵愈疗可以减轻心理痛苦，或者必要的时候服用对症的精神药物也能减轻心理痛苦。当我们感到孤独的时候，也更容易接受"自己出了点问题"的观点。但我们自身究竟发生了什么事？当许多社会联系人逐渐消失的时候，我们多了一个新的联系人：心理专家。

自我认知的迷思：谁更了解我们的内心

从理论上讲，如果隐藏的原因变得清晰，我们应该能够更轻松地应对自己的内心问题。因为内心问题出现的时候，我们往往是意识不到的，我们自己无法判断它的伤害有多大，只有一个人能找出隐藏在黑暗中的答案：心理专家。

专家的某些信念看起来也不是很可信，只有遇到一个持不同观点的人时，其不合理性才会显现出来。2004年斯里兰卡海啸中的心理援助就是一个明显的例子。当时小岛沿岸被毁，许多人丧生，国际援助组织向灾区派出了一大批心理治疗师。该援助组织的目标很明确：保护人们免受创伤后应激障碍（PTSD）的侵害。具体做法是，通过所谓的"自我报告"系统，收集人们的经历并进行相应的处理。

斯里兰卡裔美国心理学家盖特里·费尔南多（Gaithri Fernando）是提出这种做法的少数人之一。在海啸发生之前，她就研究了斯里兰卡儿童在经历了长期的内战后是如何应对暴力和失去的。她知道，PTSD的诊断不能完全照搬，尽管西方精神病学界认为PTSD具有普遍性。

海啸过后，她继续与斯里兰卡人交流，询问他们的经历。她发现，那些失去亲人或受到伤害的人很少重视沉思或悲伤等内部过程；相反，他们会强调灾难如何影响了人们的情绪，以及在附近发生的冲突。他们最担心的是社会失衡，导致他们无法履行对家庭的承诺，或无法与邻里和睦相处。显然，和鲁利亚的农民一样，他们更关心"外界"而不是"内在"。

这种反应不符合西方的创伤应对模式，因此在紧急援助组织中引起了很大的困扰。

"海啸发生两周后，我们有数百名治疗师什么都做不了，只是处于无谓的奔波当中。"一位世卫组织医生说道。许多创伤治疗师将原因归结为灾难过于严重，以至于岛民仍然处于震撼之中。在 BBC 的采访中，一位治疗师表达了自己的担忧，他发现孩子们只想知道什么时候可以回到学校，而不愿谈论自己的痛苦经历。这位治疗师认为这是明显的压抑迹象，可能需要一些时间，他们才会"逐渐释放出所有惊恐的情感"。

这种解释在今天非常普遍，很少有人会为此感到惊讶。压抑一段痛苦的经历、对不公正视而不见、否认不合适的欲望，这些都是我们熟悉的思维架构。无论在面对他人还是面对自己时，我们都喜欢使用这些思维架构。我们实际上已经知道了这种思维架构的基础，但自己还不想承认，那不仅仅是一个错误或短暂的疏忽那么简单，里面还包含其他的东西，但我们不想知道那是什么。

让我们再深入观察一下，治疗师说的可能是对的。那些压抑了某些事的人，不会再意识到这些事，它们在压制之下变得模糊或者有了欺骗性。这时，我们就意识不到有一些东西被压抑了。但问题是，如果受影响的人自己都不知道，其他人怎么会知道呢？

让我们与另一个真实的故事进行比较：弗洛伊德与他最有前途的学生卡尔·古斯塔夫·荣格（Carl Gustav Jung）一起乘坐火车。荣格兴奋地讲述了不久前不莱梅附近的史前发现。弗洛伊德知道，荣格一直觉得自己是精神分析界的王位继承人，于是他将荣格的行为解释为想要谋杀他的俄狄浦斯式欲望，然后崩溃了。

在弗洛伊德看来，荣格对史前发现感到如此喜悦，是因为它们会让荣格不自觉地幻想着弗洛伊德的死。而荣格从相反的角度用俄狄浦斯情结解释了弗洛伊德的崩溃，他认为弗洛伊德痴迷于所有男人都想谋杀他们父亲的想法，所以他才会将这个想法投射到荣格身上，荣格自己只是觉得新的考古发现令人兴奋。

到底谁是对的？不可能两者都对。或者如弗洛伊德所说，荣格对这些发现感兴趣，因为他无意识中希望弗洛伊德死；又或者如荣格所说，弗洛伊德将他想象成了一种威胁。两个人的理论都认为对方的观点是错误的。

这个问题对应了美国社会学家约翰·列维·马丁（John Levi Martin）所谓的"第一人解释"和"第三人解释"之间的区别。荣格对于为什么要谈论考古发现的解释是"觉得它们很有趣"，这是第一人解释，是荣格从自身经历说起的，是他自己最直接的体验。当然，他可以更深入地思考下为什么考古发现会让他如此感兴趣，但没有人能比荣格本人更了解自己的意识了。

第三人解释是将一个人的经历放在括号中，并用第三人视角来解释该经历中控制这个人行为的无意识因素。荣格可能认为这些考古发现让他感到兴奋，但实际上是他潜意识里希望弗洛伊德能"变成史前发现"，所以他告诉了弗洛伊德。如果荣格自己不能认识到这一点，这就是一种"压抑"。

第三人解释可能源于创伤或欲念，但也可能由社会因素决定，例如许多社会学家想说明，广告和企业文化会在不知不觉中影响人们。然后，包括我自己在内的其他社会学家，转而使用第一人解释，来说明这种影响是如何被注意到并反映在人们的思维中的。

生物学因素，像切恩的"紧张的思想是由部分脑损伤引起的"这个理论，也可以理解为第三人解释。然后，专家再用一个物理上的事实来解释这种我们并不知道的行为。

当专家向人们解释他们行为的真实原因和方式时，有些人会非常感激，因为这些解释令他们感到安慰。然而，这种第三人解释完全基于权威，以至于我们既不能反驳它，也不能质疑为何会出现权威的派别之争。通常，我们不会同时和两个擅长处理第三人解释权威派别打交道，比如像弗洛伊德和荣格那样的派别。

过度解读的代价：精神分析制造的悲剧

既然精神分析在当时对科学和治疗几乎没有什么影响，那么就有一个疑问：为什么此处要考虑这种第三人解释呢？

一个原因是，精神分析虽然在科学领域几乎完全消失了，但它仍然存在于我们的社会和语言中，例如，当人们开玩笑时，或不想直接提到"压抑"或"含沙射影""夸大其词""弗洛伊德式口误"等字眼时。另一个更大的原因是，精神分析在历史上产生了一些有趣的第三人解释事件。

弗洛伊德的第三人解释很可能会作为历史书中的奇谈怪论继续存在下去，比如关于老鼠人与父亲进行肛交的无意识愿望，关于朵拉咳嗽是因为无意识地渴望与父母的一个朋友进行口交。这些他描述并发表的精神分析"案例"，对患者造成的长期影响并没有被追踪。

但他对美国的霍勒斯·弗林克（Horace Frink）造成的影响是一个鲜为人知的例外。严格来说，弗林克并不是作为病人来到弗洛伊德面前的，他本人就是一位成功的精神分析师，是久负盛名的纽约精神分析学会创始人之一，并两次当选该组织主席。他年轻的时候就已经写了关于恐惧症和强迫症的书籍。弗洛伊德对他的第一印象是，就如同看到了一个美国版的荣格。

1921年2月，弗林克前往维也纳与弗洛伊德进行为期五个月的"训练分析"。弗林克当时38岁，已经结婚10年，是美国最有前途的心理分析师。

但回到家后，他变了一个人。在这个训练分析中，弗林克被认定为"潜在的同性恋"。虽然弗林克本人没有同性恋欲望，但弗洛伊德发现了他内心深处的同性恋倾向。而弗林克自己意识到的唯一问题是，他爱上了自己的一个病人，就像荣格和当时的许多其他精神分析师一样。

第二部分 焦虑的历史与根源

尽管弗洛伊德一再教导自己的弟子们，作为精神分析师，不应该在头脑一热的情况下提供建议，但在弗林克的案例中，弗洛伊德就是这样做的：弗洛伊德告诉仍处于震惊中的弗林克，他应该立即与妻子分居，与自己爱上的那个病人结婚。

弗洛伊德甚至采取了行动，将弗林克的病人召唤到巴黎并亲自向她解释情况。这个病人的名字是安吉丽卡·比尤尔。她后来回忆说，弗洛伊德非常明确地告诉她，她应该尽最大努力离婚并立即嫁给弗林克，这不仅是为了她自己，更是为了弗林克。只有她这样做，弗林克才会"变得正常，避免发展成同性恋者，虽然有可能只是隐藏的同性恋倾向"。

弗洛伊德的话很沉重。于是弗林克和安吉丽卡分别离婚后与对方结婚了。

尽管弗洛伊德在一封信中表示，他从弗林克的角度发现了"压抑的欲望"，但出于道德上的内疚，弗林克在新的婚姻中并没有找到幸福。他不得不与弗洛伊德进行新的精神分析，在分析中他抱怨安吉丽卡失去了她所有的魅力，原本美得让人挪不开眼的女人，如今变成了"像同性恋、像男人、像猪一样"的人。

弗林克深受内疚的困扰。他不确定离开自己的第一任妻子和两个孩子是否正确。他对离婚的原因表示怀疑。当弗洛伊德问他，不幸福的原因是不是作为财富继承人的安吉丽卡不愿意向精神分析基金捐款时，他仍无法平静下来。

前妻去世后，弗林克陷入了严重的抑郁中。在几次自杀未遂后，他被送进了约翰霍普金斯医院的精神科。后来公众知道安吉丽卡遭到他的虐待，于是他被迫辞去了纽约精神分析学会的职务。后来他们离婚了，弗林克再次投身精神病学领域。他又活了10年，抑郁症几乎没有再发作，于53岁时死于心脏病引发的精神病。

弗林克是弗洛伊德病人中唯一一个治疗全过程都被清晰记录的，因此我们能看到这个精神分析所产生的最终后果，可以更有针对性地评估弗洛伊德的分析。弗洛伊德身边的几个人都被他诊断出"潜在同性恋"，但弗林克因为与第一任妻子离婚而悔恨终生，这一点令人印象深刻。当时有几个朋友认为这是一个坏主意，另一位与弗洛伊德一起进行教育分析的美国人与弗林克和安吉丽卡都熟识，他对弗洛伊德说，这两个人的婚姻不会持久，因为他们实在是太不同了。但弗洛伊德说这段婚姻会很好，"因为两个人在性方面彼此非常有吸引力"。

这就是弗洛伊德案例研究中最令人惊奇的地方：他的自信。这种高度自信可能会增加分析的准确性，但另一方面，病人的不安全感又是一种抵抗，为被压抑的真相辩护。

"抵抗"和"压抑"的概念延续了下来，对现代的担忧分析和焦虑分析产生了深远的影响。有了这些术语，任何形式的不确定性或矛盾心理都可以被判定为一种症状。连最轻微的"如果……会怎样"也变成了一个深不可测的兔子洞，无论你想直接放弃这个思考，还是打算接受生活中的不确定性，都被视为一种抵抗形式。精神分析法与冥想法（通过冥想保持与思想、感受的距离）这两种方式形成了鲜明对比。一个想法绝不只是一个想法，每个人都有很多在自我压抑的世界里不断挣扎的经历。

安吉丽卡曾说过，她在精神分析师圈子里的那段时间，没有遇到过一个不神经质、不迷失在自己的理论中，并可以从容应对自己生活的分析师。她的观察可以用来解释为什么该学科的先驱者自杀率如此之高；在维也纳精神分析协会的149名成员中，有9个人在1902年至1938年间自杀，即每17个人中就有1个人自杀（今天全球的自杀概率是万分之一）。维克多·陶斯克在弗洛伊德被维也纳精神分析协会开除后，直接给弗洛伊德写了遗书。当荣格的一个助手自杀时，弗洛伊德在一封信中评论了自杀的问题：精神分析对协会成员们的精神磨损相当高。

无法停止的循环：强迫性思维的禁锢

西比尔·拉康（Sibylle Lacan）在自己的书《一个父亲》（*Un père s*）中，描述了自己的父亲、著名的精神分析家雅克·拉康（Jacques Lacan），他在她出生后不久就抛弃了家人，并一直忽视她直至去世。西比尔·拉康形容自己是"出生于绝望"，因为她的父亲在母亲怀孕之前就已经决定离婚。

这本书出版几年后，她自杀了。法国历史学家和精神分析家伊丽莎白·鲁迪内斯科（Elisabeth Roudinesco）称赞这本书是"拉康描绘过的最美好的画面。虽然西比尔是一个绝望的女儿，却没有妨碍她如此热爱生命，以至于她可以如此自由地抛弃生命"。

鲁迪内斯科的这句话是诸多例子中的一个，可以看出精神分析在实践中的解释自由有多大。就像自行车鞍座变成了阴茎一样，自杀也变成了热爱生命的宣言。

在精神分析之外还有富含想象力的第三人解释，这一点不应该被忽略。还有很多精神分析师，比如哈里·斯塔克·沙利文（Harry Stack Sullivan）更加信赖"澄清"，意思是他们更加依赖患者实际所说的内容，而不是那些"潜在"的内容。

在神经生物学层面，"无意识"在一定程度上指的是尚未得到经验证明的神经损伤，因此无意识是基于假设的。当一个人被诊断时，他的行为是精神病学领域中唯一的衡量标准，但"大脑中可能隐藏着偏差"这个假设有时会导致医务人员像精神分析师一样自由发挥。

例如，精神病的诊断（精神病还可以由杏仁核和腹内侧皮层的活动不足来解释）通常会使受影响的人陷入无休止的心理活动循环中。如果他们表现得咄咄逼人，那就是精神病的表现；如果他们友好且乐于助人，那也是精神病的一种表现，因为精神病人可以操纵环境。

美国社会学家欧文·戈夫曼（Erving Goffman）称之为"循环"——一个无法排除可疑因素的解释。因为这种无休止的思考循环往往是出于羞耻而秘密进行的，所以第三方不会察觉到它们。然而，在极少数情况下，它可能会被公众知道，有时会让整个世界都无言以对。

历史上有一个真实的案例，其主角名字是斯图尔·伯格沃尔（Sture Bergwall），也被称为托马斯·奎克（Thomas Quick），他就是著名的"瑞典第一连环杀手"。伯格沃尔通过治疗唤醒了被压制的记忆，一些是来自父母的虐待，但他对谋杀的回忆引起了更多的关注。在治疗师的帮助下，他承认了30多起谋杀案，其中8起后来被定罪。

定罪十年后，他又被判无罪释放，所有的谋杀罪名都被撤销了。伯格沃尔逐渐明白，自己既没有谋杀，也没有受到过虐待。他的记忆不是真实的，而是在强烈的精神药物作用下，杂乱无章的第三人解释串联起来引发的幻想，不确定性全部被定性为"阻抗"。

尽管已经有大量的分析、书籍和调查，但越来越多的研究人员开始研究由奎克案例所显示出的第三人解释的力量和动机过程。本案最令人惊讶的是，伯格沃尔的病态叙述无法得到证人或法医的支持，警方在竭尽全力寻找证据。在调查据称发生在挪威厄耶斯科根的谋杀案中，伯格沃尔多次被警察带着穿过森林，而挪威警方则封锁了该地区，甚至禁止厄耶斯科根地区的高空飞行。后来伯格沃尔突然供认，他在池塘边肢解了受害女孩，然后赤身裸体地游到水中间，将一部分尸体沉入水中。于是警方展开了挪威自第二次世界大战以来规模最大的犯罪现场调查：整个池塘的水都被排干了，总共抽出了3500万升水，甚至连池塘底部有一万年历史的淤泥都被挖了出来。水被过滤了两次，但警察始终没有发现女孩的踪迹。尽管如此，伯格沃尔还是在1998年被判谋杀罪。

鉴于伯格沃尔改变自己陈述的频率，以及说错或犹豫的频率，这个判决真的非常惊人。这只能解释为治疗师、调查员、检察官、律师和记忆专家团队的集体行为，他们都非常渴望因为瑞典的第一个连环杀手案被载入史册。"群体心态"占据了统治地位，没有留下丝毫空间去考虑关键问题。

然而，一个思想史上的有趣问题是，法律系统和公众如何能够接受这个判决的说法：因为伯格沃尔回忆起了自己之前根本没有意识到的事。

那些快速辩论表面上是围绕着被压抑的记忆展开的，但案件进行的同时，内在的阻抗也穿插其中。宣布伯格沃尔的叙述具有科学合理性的是心理学教授斯文·埃克·克里斯蒂安森（Sven Åke Christianson）。克里斯蒂安森是记忆专家，不是精神分析专家，但他受到了精神分析的各种影响。他在自己的关于连环杀手的书中提到，"一部分连环杀手"可能会出现"脑损伤"，但没有就此进行详细说明。不过，从长途跋涉到潜在犯罪现场、再到多次审讯，很可能成为令克里斯蒂安森如此推崇"心理阻抗"理论的原因。

谋杀之类的压力记忆有可能使杀手将自己"与其他信息隔离开"，因此信息难以获取，克里斯蒂安森主张对涉嫌谋杀的人进行长期和反复的讯问。克里斯蒂安森甚至在凯文案中担任顾问，在该案中有两个孩子承认谋杀了另一个孩子（总共进行了31次审讯）。在霍夫舍的剪刀谋杀案中，一名12岁的孩子最终被判决谋杀了一名11岁儿童的罪名（进行了18次审讯）。这两个案件的判决也是很久之后才被推翻。

伯格沃尔在自传中解释了为何自己会承认这么多谋杀案——大多数人都未关注到这个解释。

伯格沃尔在很大程度上表现得像一个强迫性的说谎者，但本质有可能是出于他对自己经历的怀疑。谋杀的想法最初来自"如果……会怎样"的假设。他是一名精神病患者的时候，和另一位病友谈论过精神病院的治疗，以及可能会被发现的可怕事件。

"如果我杀了人怎么办？"伯格沃尔问道，"我的问题让我感到惊讶，但拉斯-英格的回答却让我很害怕：'你想知道的事，我怀疑是你已经做了的事'。"

在接受治疗之前，伯格沃尔就一直在谨慎地反思自己的想法。他对精神分析充满热情，并在接受采访时说，自己在接触精神分析后不久就阅读了瑞士精神分析师爱丽丝·米勒（Alice Miller）的书籍。从第一天起，伯格沃尔和他的治疗师就遵循了一种模式：预先设定好叙述和解释的模型。可怕的细节印证了事情的真实性，因为"正常人不会想到这么可怕的事情"。

没有人会在真空中思考。两部激发伯格沃尔丰富细节想象的作品是布莱特·伊斯顿·埃利斯（Bret Easton Ellis）的《美国精神病》（*American Psycho*）和乔纳森·戴米（Jonathan Demme）改编自小说《沉默的羔羊》（*The Silence of the Lambs*）的电影，他在克里斯蒂安森的推荐下观看了这部电影。

"我再也无法区分真假。"这是伯格沃尔的自传中反复出现的句子。怀疑、焦虑等所有可以想象到的消极情绪，都是他与之抗争的一部分，最终也导致了最坏的结果。

"我擦干眼泪，并认定自己所说的必须是事实。毕竟，眼泪和恐惧都表明压抑的记忆被唤醒了。"当他回忆起某次前往犯罪现场的旅途时，这样说道。

伯格沃尔本人也被自己供述中那些令人毛骨悚然的细节惊呆了。这个理论认为，他的思想和幻想都最终指向了他内心隐藏的暴行，并使他所有的反对意见变得无效。

"我一个字一个字地讲故事,一个字一个字地画图,按照我认为的样子。我相信它们是真实的,但实际上我记不起它们了,因为关于它们的记忆被压抑了。"

伯格沃尔是分析和鉴定的产物,一个自身的经历被第三人解释所取代的人。人们无论是否患有精神病,都可以最直接地感受到自己的意识,但不知何故又遗忘了它。伯格沃尔自传的名称总结了他珍贵的教训:只有我知道自己是谁。

记忆迷雾:自我认知的扭曲

虚假供词现在是法律心理学的一个独立研究领域。所谓的"林德伯格供词"比你想象的要普遍,常常使警察的工作更加困难。当著名飞行员查尔斯·林德伯格(Charles Lindbergh)的儿子失踪时,这个专有名词就出现了,当时有200多人站出来承认绑架了他的儿子。同样的现象也出现在瑞典首相奥洛夫·帕尔梅(Olof Palme)谋杀案的调查中,共有130多人承认自己犯下了此案,使得案件调查变得很复杂。

在那些怀疑自己犯案的人中,普遍的假设是,他们无意识地做了这件事,然后他们的意识又抹去了对这件事的记忆。当14岁的迈克尔·克罗(Michael Crowe)因妹妹被谋杀而被审问了很长时间时,他一度确信自己患有人格障碍。"坏迈克尔"在疯狂的嫉妒中杀死了妹妹,而"好迈克尔"则将这件事从他的记忆中抹去。

"我不知道我是怎么做的,"他说,"我只知道我做了。"

直到在另一名嫌疑人的衣服上发现他妹妹的血时,克罗才被释放,不再被当成嫌疑人。

正如《化身博士》中,绅士哲基尔先生的内在隐藏着一个邪恶的海德先生一样，这股隐藏的力量在克罗身上是如此强大，以至于他几乎被宣判犯了根本不存在的罪。当他向许多人分享了自己想象的故事以后，除非法医部门能够找到可以反驳这些故事的证据，他才会被无罪释放。这种从根本上怀疑自己经历的情况，从历史上看并非偶然，这是一种对"自我"的扭曲假设，在19世纪时才在文学记载中偶尔出现。

现代的风险计算分析中，不仅包括我们做了什么，还包括我们是谁，这些假设都以不同的模式出现。例如，我们可以像弗洛伊德对霍拉斯·弗林克进行精神分析的案例一样，先问自己是否应该离婚，然后接下来将这个问题扩大为症状，来观察我们到底出了什么问题。在各种解释的互相拉扯中，没有哪个担忧或者问题会被看成一个单纯的担忧或者问题。我们已经以某一种方式来解释了它们的存在，因此即使这些事情是错误的，或根本没有发生的，还是会被安在我们自己身上。就像弗洛伊德想要释放病人的"超我"一样，那是一种自我怀疑——对"我们真正想要的是什么"，以及"我们真正感受到了什么"这两个问题的永恒思考，就像一种强迫症一样。

安妮说，在某个时候，她对精神分析达到了一种痴迷的地步。

"在治疗即将结束时，我几乎无法触摸门把手，"她说，"因为我把它看作生殖器。"

安妮的精神分析师将一副"生殖器识别眼镜"架在了她的鼻子上，并与她融为一体。

在今天，经过了25年的矫正干预和替代治疗，她可以再次将雪茄看成雪茄。作为巴黎焦虑症患者协会的创始人，她接触了其他有类似经历的人。从那以后，她写了关于自己的精神分析经历的文章，并与精神分析师们公开讨论。在法国，对精神分析是否合理的争论是很常见的，但很少看到精神分析师和患者发生冲突。尽管安妮的批评得到了善意的讨论，但除此之外，很多人认为她只是被操纵、被误导了。当患者有胆量抱怨他们遭遇的治疗方式时，分析师和公众都会感到很吃惊。

他们想不到会有患者反对他们的分析，会对他们的方法表达客观的批评。他们认为病人没有这个权利。毕竟，病人生病了，而分析师们是健康的。

第 9 章
活在自我怀疑中

在日益流行的自传体——自我剖析文学中，我们发现了各种不同形式的对自我的强烈担忧。卡尔·奥韦·克瑙斯高（Karl Ove Knausgård）在他的自传体小说《我的奋斗》（*Min Kamp*）中描述了对自己影响时间最长的担忧：他担心有人，包括自己的母亲，可能会认为他是同性恋。克瑙斯高不喜欢男人，不希望任何人觉得他有同性恋倾向，但他又难以反驳。

这种担忧会导致进一步的焦虑。当谈到同性恋时，或者在电视上看到那些随时可能出现的相关谈论时，他就担心自己可能会有奇怪的反应，而且他有时真的会有这种反应。

"我们正在观看的英国电视连续剧，其中一个角色是同性恋，每次提到它我都会脸红。并不是因为妈妈不知道我是同性恋，而是因为她可能认为我是同性恋。很不幸，每次说同性恋这个词时我都会脸红，所以她肯定会认为我是同性恋，而这种想法让我更脸红。"

由自我强化而产生的焦虑，在西方文化中很大程度上是被忽视的。克瑙斯高越脸红，就越担心弗洛伊德的模板适用于他自己："在我最糟糕的时候，我可以想象，实际上我就是同性恋。"

雷切尔·库斯克（Rachel Cusks）在自己的著作《终身成就》（*A Life's*

Work）一书中，描述了做母亲的焦虑，那是一种类似的担忧。库斯克担心自己会为女儿的出生感到后悔。当她第一次带着婴儿回到家时，就被悲伤淹没了，所有的家具和房间都在提醒她那些已经失去的生活。这些想法让她感到焦虑。她害怕孩子成为她的禁锢，她渴望没有孩子的生活，这让她有种背叛的感觉。

害怕犯错只会让她更加焦虑。但与克瑠斯高不同的是，她的关注点是向外的。她怕孩子感觉到自己的情绪，怕孩子不喜欢她转而与父亲更亲近。当女儿出现肠绞痛时，库斯克认为这是由自己缺乏母性造成的。

各种可能的"如果……会怎样"的问题围绕着她，女儿怎么会出现肠胃问题呢？牛奶是不是被我不单纯的内心污染了？她是不是发现了某些秘密信息？女儿的尖叫是不是在抗议我内心那些黑暗的躁动？每次小小的失误，即使是女儿因失去耐心而短暂地尖叫，她都会归咎于自己矛盾的情绪，并认为这些都代表了自己是一个坏母亲。

当这种"如果……会怎样"的假设想法占据上风时，人就会感到焦虑。"如果我是同性恋会怎样""如果我是一个坏母亲会怎样"，这些想法都仅仅因为一个人已经学会了不信任自己。

凡是思考这些问题的人，都是在反思自我，反思自己的思想。对思考的思考就是一种让-保罗·萨特所说的"从前反思到反思"的转变，或者是像其他心理学家描述的"从认知到元认知"的转变。"如果我刚才的想法让我成为一个坏妈妈怎么办？"这个问题就给原始的想法赋予了新的含义。

这种想法不一定会导致自我怀疑，人们可能只是问自己"如果我是一个坏妈妈会怎样"，然后就停止继续探索这个想法了。对自我怀疑的定义取决于不同的文化背景。至于那些负面想法是否就暗示着不良的养育方式，这很难说，除非事先假设新生儿就是宇宙的中心，更通俗地说，假设新生儿是生命的绝对意义（从历史角度看，这只是一个新的想法）。

我们有多担忧，我们在担忧什么，这都取决于特定的关联因素。比如 17 世纪，人们担心自己被施魔法，或被指控使用巫术；在 20 世纪和 21 世纪之间的过渡期，很多人会寻求心理辅导，这可不是巧合，因为人们觉得焦虑，觉得在自己所处的环境中，周围每个人都是演员。在 1998 年的电影《楚门的世界》(The Truman Show)首映后，这种焦虑更加蔓延，甚至有些人还发展成了妄想症，因为这部电影的主角就是处于这种焦虑之中。

在某些情况下，很容易看出病态的担忧和焦虑是如何渗入文化中的。通常这些担忧和焦虑都是非常奇特和不切实际的，似乎都来自病态的大脑。尤其不寻常的是，担忧、焦虑、文化三者之间的关系，在那些"如果……会怎样"的假设问题中变成了强迫想法。强迫想法通常是荒谬的，因此人们更愿意认为，它们是遗传倾向和化学失衡的混合体——这些想法绝对不是出于社会动机，而是反社会性的。

一个无法停止想象自己会害死婴儿的女人，一个因为担心刺伤妻子而不再进厨房的男人，是否他们大脑区域的某些部分正在溶解？或者他们的灵魂受到了时代精神的影响？

复杂的情感交织：宗教、性、攻击性和人际关系滋生焦虑

总体而言，患有焦虑症的人比正常的人更害怕危险。然而，焦虑症总是能够反映特定历史阶段中普遍存在的问题。当人们深入了解强迫症时，会发现这一点特别明显。

现如今有一种很常见的强迫症——过度洗手，患者认为这种方法可以预防病毒感染或细菌感染。这种强迫行为在 19 世纪之前并不存在，直到匈牙利医生伊格纳兹·塞麦尔维斯（Ignaz Semmelweis）发现，如果护理人员好好洗手，病人患产褥热的风险就会大大降低。由此路易斯·巴斯德（Louis Pasteur）联想到，应该有细菌这样的东西存在。

新的医学研究常会导致强迫性想法。例如，石棉的危害在20世纪70年代成为强迫症的一个源头，而在1980和1990年之间艾滋病毒成为强迫症的一个源头。美国精神病学家朱迪茜·瑞坡坡特（Judith L. Rapoport）在《不能停止洗手的男孩》(*The Boy Who Couldn't Stop Washing*) 一书中提到，1989年她的强迫症患者中，有三分之一是因为害怕艾滋病毒，如果担忧和焦虑一直增加，最终就会转化为强迫症。

有时强迫症也会呈现地域化特点，这方面的一个例子是科罗，他总担心自己的生殖器会缩回肚子里。这种强迫性想法在男性中比在女性中更常见，它有可能导致男性对生殖器进行反复测量。这种强迫行为来源于对危险的假设：身体器官（甚至乳房、鼻子和舌头）会收缩并危及生命。这个想法今天仍然存在，可能与人们普遍不愿意谈论性有关。

在每种文化中，都有滋生担忧和焦虑的领域。我想在这里列出它们的名字，并介绍其中对内在文化影响最明显的四个领域：宗教、性、侵略和人际关系。细心的读者肯定已经发现了，我已经多次谈到宗教和性的话题。这并不是因为宗教和性总是涉及风险和危险，而是由于历史原因，它们经常引发人们的担忧和焦虑（类似于对恐怖主义的焦虑大于对概率上更致命的淹死在浴缸的焦虑）。为了理解这一点，人们不仅要仔细观察社会背景对个人担忧和焦虑的影响，还要了解个人的担忧和焦虑对社会的影响。

宗教

法国人亨利·莱格兰·杜·索尔（Henri Legrand du Saulle）是最早在医学论文中记录强迫症的医生。在1875年出版的《疯狂的怀疑》(*La folie du doute*) 中，杜·索尔描述了这种疾病，并称之为"疑病"。他特别指出，病人没有受到胡思乱想的困扰，他们知道自己是由于某种不可能的事情而焦虑，却无法摆脱自己的烦恼。

这些病人既奇怪又不幸，他们很清楚自己的病情，可以清晰地评估自己的处境，却有着更大的苦楚……他们公开承认自己的担忧是很荒谬的，他们说："我知道这是缺乏理由的，但我的担心无法停止。"

后来，许多人认为"疑病"这个术语的描述具有误导性，因为杜·索尔的患者都想摆脱自己的怀疑。用"缺乏安全感"来形容这种病会更合适，因为患者们会不断地寻求杜·索尔的安慰。而触发他们忧虑和困扰的几乎都是他们认为自己没有好好祈祷，不够虔诚。

杜·索尔所谓的宗教虔诚指的是各种宗教都有自己的仪式，并以许多独特的方式来进行。一名年轻女子在第一次参加教堂礼拜时发笑被认为是不虔诚的，在对她的神父忏悔时隐瞒了罪过。她开始思考这是不是亵渎教堂，自己是不是有罪，只吃瘦肉是她给自己的惩罚之一。

尽管杜·索尔一再向她保证，她并没有犯罪，但忧虑依然存在，她害怕来不及用最后一口气忏悔，整夜都不敢睡觉，免得在睡梦中死去。

杜·索尔描述的许多病人都是满怀担忧和内疚，会在忏悔结束后立即反思自己是否漏掉了某些应该忏悔的事情。还有一些人担心自己向上帝祈祷时不够虔诚。

一名45岁的男子在信中说，当他还是小孩时，就会觉得自己的祈祷总是不够充分："我祈祷了三遍，有时是四遍。我经常在晚上跪着睡着，然后整夜都保持着这个姿势。我在告白中没有保持完全的诚实，我觉得自己没有解释所有的罪过，并为此不停地自责。"出于这些感受，他最终产生了很多强迫性想法，杜·索尔用溴、冷热水交替洗浴和体操这些方法治好了他。

就像让-艾蒂安·埃斯基罗尔（Jean-Etienne Esquirol）医生一样，杜·索尔将"疑病"理解为"病态的智力"，但受影响的人从智力上讲并不愚蠢。像大多数精神病学家一样，他并没有对基督教环境下强迫症的起因进行制度分析。可能杜·索尔不知道，即使是精通神学的人也会产生类似的问题。

这方面最有名的例子是马丁·路德，他在年轻时就怀疑自己的祈祷不够充分。精神科医生在事后发现，他对魔鬼有强迫性想法，并且很害怕会冒犯上帝。他周围的人会为此感到困扰，比如当他向神父忏悔时，神父曾为他过于详尽的忏悔而发火，因为这些忏悔并不是基于那些有罪的行为，但他的自责从未停止。

最早将这个问题以心理分析形式记录下来的基督徒是英国圣公会主教约翰·摩尔（John Moore），他早在1691年就写了一篇相关的短文，并称之为"宗教忧郁"。摩尔注意到，"那些不幸的人在祷告过程中被某些不正派的想法侵袭，其中有些是亵渎神明的，由此他们认为自己羞辱了神灵。"

摩尔发现这种想法与亵渎神灵无关，"因为能被这种想法影响的人大多是好人，而坏人……很少会想到这些。"他的建议是允许这些想法的存在："如果这类想法蔓延，请不要气馁……也不要与它们做斗争，经验告诉我们，愤怒的抵抗只会使它们成长壮大。"

宗教性的强迫想法不仅存在于基督徒中，还存在于世界上所有的宗教中，最虔诚的人也会受到影响，因为越虔诚就越不允许自己出现这些想法。一旦感受到自己有不该有的想法（这个概念甚至在佛教中也有，尽管该宗教的起点完全不同），就觉得必须予以反击，但这只会导致这些想法更加持久地侵入我们的头脑，就像摩尔早期所说的那样。那些没有宗教信仰，不太重视思想纯洁性的人，可以更容易地忍受"我恨上帝"这样的想法，因为这对他不会产生任何后果。

信奉宗教越深的国家，越容易出现宗教性的强迫想法，这一点毋庸置疑。美国的一项研究表明，5%～10%的强迫性障碍与宗教有关。在多宗教的国家，如沙特阿拉伯和埃及，这一比例达到了50%～60%，真实数字可能更高，因为许多宗教人士不会将求助精神科作为第一选择。例如，穆斯林在出现强迫性想法时，可能会求助于一些所谓的"私心杂念"（al-waswas），这是一种宗教性的解释模式，相当于西方的精神诊断和治疗。

各种形式的担忧都基于文化焦虑，但宗教不一定是个体的风险区域。例如，在印度教教徒中，宗教性的强迫性想法相对不寻常。人们可以留意那些罪恶、不道德、不洁和亵渎，但不必自责，因此它们也不会发展成强迫性想法。只有当个人认为，这些思想偏差会在真正的生活中产生某种后果时（包括在以后会产生后果）才会出现问题，即使这种偏差只是精神上的。

这些强迫性想法有时是由于对教义的误解而产生的，但有时宗教或多或少会鼓励这些偏离正道的想法，取决于相应惩罚的严重程度。我们在马克斯·韦伯对加尔文主义的分析中也看到了这一点，该分析中阐述了他预设的理论，并鼓励人们进行质疑。根据这个教义，迷失者和坚定者之间不仅会有一道清晰的界限，更重要的是，上帝已经预先确定了人们所归属的群体。唯一消除担忧的方式是，通过那些在强迫症诊断领域中提到的方式，比如"不停地忙碌""内心世界的禁欲主义""坚定的责任心"等方式来应对。

直到今天人们还在探讨，森严的宗教是否令强迫症的风险增加，比如新教强调"索拉·菲德"，其意思是"完全凭借信念"[①]，这种方式进一步加深了不确定性，理性的解释行不通。

性

这个风险领域在世俗社会中所产生的影响，可能与上一个风险领域在

---

① 信徒是基于他们的信仰宽恕了他们对上帝律法的违背，而不是基于他们的善行。——译者注

宗教社会中所产生的影响最为相似。在其他领域，人们很少会经历这类对纯洁性的指控，并因此受到谴责和诅咒。当然，担忧和焦虑并不一定和羞耻相关联，担心自己不知道某些事，或者担心自己正过着错误的生活而不自知，这些就足够引发担忧和焦虑了。在克瑙斯高的倾诉中，他很害怕那些关于自己可能是同性恋的评论，而我们在本书开头，也从丹尼尔身上了解到了这种焦虑。从弗洛伊德的观点来看，他们可能对此存在着强烈的心理阻抗，以至于性快感被压抑了，不会出现在意识中。然而，这种形式的强迫性想法也可能是另一个方向的：同性恋者也担心自己实际上是异性恋。还有一种类似的情况也可能会引发不安，比如一个人担心自己根本不爱自己的伴侣，尽管他已经在二人的关系中有意识地做得很好了。

这反映了对生活中不确定性的焦虑，是对自己的否定。但有时这种担忧是其他因素导致的：一个人觉得自己的性倾向可能是不好的，甚至是有害的。如果大众认为这种倾向特别可怕，那么对性异常的焦虑还会更严重。

艾萨克在年轻的时候觉得没有什么比同性恋这件事更糟糕了。与克瑙斯高相反，他被厌恶感和羞耻感所困扰，害怕被同学取笑。他的担忧还带有恐同的特征：他不仅为自己性倾向的不确定性感到焦虑，还把同性恋视为一种变态行为。

如果他发现班上的一个女孩很漂亮，就会把注意力放在她身边的男孩子身上，他不确定自己是不是被美女身边的男孩子吸引了。当他看到一个颇有魅力的男孩子在做运动时，就会下意识地检查下自己是否有反应，哪怕是最轻微的迹象。但越是关注，就越可能出现反应，他只是不确定这种反应是否真的来自性吸引力。

艾萨克患抑郁症有几年了。很多时候，他回到家后，躺在床上，幻想着自杀的场景。那场景太恐怖了，他的脑海里嗡嗡作响，他担心如果朋友

181

们发现真相,并嘲笑他是一个伪装成正常人的同性恋者可怎么办。当艾萨克发现自己的一些朋友是同性恋时,情况发生了转变。他突然就不害怕被人嘲笑了,这时艾萨克的强迫性想法消失了,因为他不再将同性恋视为最糟糕的事。

艾萨克的故事表明,把担心放在一边是很容易的,就是接受它。但如果规避风险的情绪太过强烈,下一场迫在眉睫的灾难很快就会出现,有时甚至是你从来都想象不到的。

有一段时间,艾萨克又对兽交产生了深深的焦虑,这成为他认为的"最糟糕的事"。他从记事起就喜欢动物,一想到有人可能会对动物做出格的事情,他就感到恶心。

深深的焦虑感很快就包裹了他。每当他看到猫或狗,它们仅仅一个摆尾的动作就足以引起他对自己深深的质疑。难道是动物在挑逗他吗?天,他到底想到了什么场景呀?难道猫或狗真的引起了他的兴趣?为什么当他看到狗或猫时会想到性?如果不是对动物有兴趣,那么自己到底想要什么?

总是想起那些自己不愿意面对的、带有性或暴力的内容,这是当今最常见的强迫性想法,甚至比洗涤强迫症更常见。在一项综合调查中,几乎所有受访者(准确地说是94%)都表示他们有时会产生不好的想法,都是关于那些让他们觉得恶心、惊骇或可怕的主题的。强迫性想法不是来自那些想法自身,而是来自想要摆脱那些想法的愿望。

对此类问题最生动的描述可以在罗斯·布雷泰策(Rose Bretéchers)的书《纯粹》(*Pure*)中找到。该书的英文书名暗示了这样的事实:强迫症在某种意义上仍然是纯粹的,因为它只发生在精神幻想中。当脑海中第一次出现这样的画面时,布雷泰策才14岁。然而,这个想法一下子就让她惊呆了。

"我默默地用嘴型发出了'恋童'这个词,并惊恐地用手捂住了嘴巴。

如果我恋童……会怎样？"

十年来，她从早到晚都被这个问题折磨着。虽然在外人看来，她过着相当正常的青少年生活，总是玩得很开心。但当她遇到小男孩时，就会反复问自己："我是恋童癖吗？我是恋童癖吗？我是恋童癖吗？"她甚至一度担心自己曾经猥亵过一个孩子，只是记忆被压抑了，她一直想通过自我审问恢复记忆。

> 我小时候有恋童癖吗？
> 这会再次发生吗？
> 孩子会记得并联系警察吗？
> 我会与家人分开并被关起来吗？
> 我的照片会上报纸吗？
> 我怎么能那样做？
> …………
> 我永远不会那样做。
> 我永远不会那样做。
> 我从来没有这样做过。

她对自己进行审判，这些想法一直顽固地占据着她的内心，对她是种双重折磨。

"我喜欢这些想法吗？

> 不。
> 不。
> 不。
> 但为什么我不能停止这些想法呢？
> 那是什么意思？
> 那一定意味着什么。

布雷泰策对自己的想法进行了精神分析上的分类："我一直认为这些想法来自我内心深处的无意识部分，它们代表了一种被压抑的弗洛伊德式的欲望，一直想要浮出水面。我一直以为这些就是我的真实想法。"

然而，性作为一个现代风险领域，不能仅仅依靠弗洛伊德的理论来探究。社会学长期以来一直在研究的一个事实是，性行为已经被提升到代表"我们是谁"的高度。人们不会像研究自己的音乐品位那样研究自己的性倾向，也不会像尝试一项新运动那样尝试某种性行为。性欲将会通过我们的本体直达我们的内心。从某种意义上说，所有的人，无论是否有强迫症，都需要审视和阐述自己的性取向。

性行为不再受社会控制，这已经不是什么新奇事儿了。虽说在最自由的文化中也存在社会性的规范，但新的情况是，这些规范是通过自我建立的。

在前工业化时代的欧洲，大量被认为是罪恶的性行为被记录下来，但这种罪恶是对事不对人的。只有某种特定的"性行为"（这一概念是在19世纪首次出现的）概念才会引发变革，这种变革可以追溯到性科学的萌芽——从国家层面重视对遗传学、卖淫和性传播疾病方面的风险管理，并由此促进了性科学的发展。性科学萌芽后，不同的性表现很快就被划分为身体疾病或精神疾病（恋物癖、施虐受虐狂、恋尸癖、动物癖，等等），但今天其中的一些表现已经不再被视为疾病。英国社会学家杰弗里·威克斯（Jeffrey Weeks）将这一发展过程总结如下："在性学中，发现和研究是并行的，因此'性'被赋予了新的含义。"

福柯在西方性历史分析中指出，迄今为止，没有任何一个社会能在如此短的时间内创造出如此多的新类别。自从性科学诞生以来，性不再受到压抑，人们谈论性可能会比谈论任何其他的事情都多。如果理查德·克拉夫特·埃宾（Richard von Krafft-Ebing）没有发明动物癖这个术语，并且也没有在1886年富有影响力的《性精神病态》（*Psychopathia Sexualis*）一书中提出来，艾萨克很可能就不必担心自己是动物癖了；如果没有克拉夫特-埃宾的关于恋童癖的诊断，布雷泰策也很可能不必受到自我审问的困扰。

恋童癖是比动物癖更常见的强迫症主题，它比较普遍，并有专门的缩写符号"P-OCD"（pedophile-obsessive compulsive disorder）。从某种程度上说，恋童癖是一种严重的犯罪，恋童癖在文化上也扮演着特殊的角色，自20世纪80年代以来，它一直在文学作品和电影中代表着纯粹的邪恶。对儿童的性侵犯也很有新闻价值，越暴力越野蛮，被报道得就越多。这会引发一个矛盾的结果，正如社会学家弗兰克·富雷迪写的那样，会导致恋童癖的常态化。

在一项研究中，参与者被要求对一张男人拥抱孩子的照片进行评价。大多数参与者都认为，这个男人看上去更像是一个恋童癖，而不像是一个慈爱的父亲。据富雷迪称，旨在打击恋童癖的警告和规则促进了其常态化的进程。英国的禁止接触规则引发的各种现象已经引起了社会的广泛讨论，该规则禁止学前班、中小学校和体育部门的教师接触儿童。在这条规则的约束下，体操中的动作纠正，安慰的拥抱都是不可能的，各种荒谬的情况也纷纷出现。夏日酷暑时期，英国老师被要求给孩子们脸上涂防晒霜，但专业工作人员建议不要这样做，以免造成误会。

一项研究调查了教学人员是如何处理这种信任缺失的，其结果总结如下："许多参与者表示，他们害怕被视为性犯罪者，于是表现得彼此不信任……他们没办法指望别人（成人和儿童）证明他们的行为是无辜的、适当的。"

富雷迪写道，成年人感觉自己被迫处于一种很不值得信任的状态。最不可思议的是，恋童这种本来"不可想象"的事，突然就变成了很容易怀疑别人会做，同时也担心别人认为自己会做的事。完全不存在信任，一旦被怀疑，除非另有证明，否则就是有罪的。如果我们再加上弗洛伊德式的自我怀疑，那么布雷泰策的强迫性想法就一点儿都不奇怪了。

攻击性

我们已经知道了性行为是如何被压抑的，现在再看下一个风险领域：攻击性。从《化身博士》中的哲基尔博士和海德先生的故事，以及那句谚语"静水流深"中，我们可以了解到，即使是攻击性也可以埋藏在感情档案柜的底部。但深藏的攻击性一旦显露，就会以可怕的形式出现，例如在睡梦中杀人。

玛丽亚就是其中一个有故事的人。当我们第一次见面时，她的手又红又粗糙。她经常清洗双手，并且最喜欢在热水下清洗。

"有几次我把热水倒在自己身上，我觉得这就像洗碗，水越热就会洗得越干净。我经常往自己身上泼热水。有很长一段时间，东西会从我手中滑落，掉到地板上，我认为这是一种紧张的反应。"

比起被病毒感染，玛丽亚更害怕传染病毒给他人，例如让别人感染上艾滋病毒或肝炎。总之，她很害怕伤害别人，任何一种危险对她来说都不容小觑。最近她为一名无法行走的妇女做护理员，她觉得风险几乎无法控制。

> 万一遇到意外情况怎么办？
> 如果我违反了保密规定，并告诉她一些不该说的事会怎样？
> 如果我忘记给她服用她必需的药物会怎样？
> 如果我把她抱到床上时不小心呛到了她会怎样？
> 如果我忘记合上栏杆，她从床上掉下来摔断了脖子会怎样？
> 如果我忘记给她系好轮椅安全带，她掉下来摔到头部会怎样？
> 如果我在她的水里下毒会怎样？

如果我在给她洗澡时触碰到了不该触碰的部位会怎样？

如果她在洗澡时吞下洗发水并中毒会怎样？

她怀疑自己是精神病患者。有一天，她担心的事就真的发生了：她帮这个女人洗澡时，肥皂水流过女人的嘴，她舔掉肥皂水吞了下去。玛丽亚的心顿时沉了下去，她昏倒了。

当她醒来时，发现自己还躺在浴室的地板上，那个女人也还在淋浴间里，脆弱而无助。玛丽亚的第一个想法是，如果自己在昏倒时试图杀死她怎么办？

这种经历只会增加她的焦虑。"我害怕任何失去意识的状态，包括精神病本身。我认为对一个人来说，变成另一个人是最糟糕的事。"

现在对于玛丽亚来说，最大的问题是她无法与姐姐的孩子们相处。每次去看望姐姐之前，她都会在"担心自己伤害姐姐的孩子"和"与姐姐见面的愿望"之间一再挣扎。

"我可能会不小心用枕头将他们压迫窒息，或者用刀刺伤他们。当然是在梦游中，在我没有意识到自己的行为时。"

"你有没有告诉过姐姐这件事？"我问。

"我从来没有告诉过她，我害怕自己可能会杀了她的孩子，我从来都不敢那样做。"

即使孩子们根本没有注意到任何异常，她也担心自己的强迫性想法会影响她与孩子们的关系。

她已经接受了14年的治疗，但并没有得到帮助。

"甚至也没有发现，自己的想法其实是无害的？"

"不，我知道它们无害，但问题是，我所担心的事情在理论上有可能

187

会发生，我所有的想法都可能成为现实。"

玛丽亚知道自己想象的一切都不太可能发生，但它们有发生的可能性。甚至有可能已经发生了，比如她或许曾经已经无意识地撞到了某个人，并忘记了这件事。

"我曾经在本地新闻上看到，有人在超市门前被机动车碾压过去了，然后我会想象那是我干的。有人被撞倒是真实发生的事，我就会想象，自己肯定在那附近制造了这样一出事故。我经常差点去向警察自首。"

"因为你真的认为是你自己做的？"

"不，不是这样。我更希望警察们能告诉我，这不可能是我做的。我不确定任何事情。如果他们问我：你知道自己晚上 7 点在哪里吗？我只能回答：不知道。但这样回答就意味着我实际上就在案发现场。"

她笑了。

"将自己放置在案发现场，这可能不是一个好主意。"

强迫症让患者感到如此可耻，这一点值得深思。我们经常读到关于恋童癖者、儿童杀手或精神病患者的信息，但我们却没有去倾听那些被强迫症困扰的患者的心声。

那些少数的对别人构成了伤害的报道，让我们给强迫症患者"判了死刑"，但是那些因为患强迫症而自己受到伤害的人，我们却从来都不知道他们的姓名。

"这些强迫性想法是无害的"只是故事的一面。人们也许没有听说过"连环杀手"托马斯·奎克的故事，但也应该知道，有时候那些有着很奇怪想法的人很可能也是完全健康的人。

假如"我一直在想，要不要勒死我的儿子"这句话被旁边的人听到，对方马上就会陷入激烈的挣扎之中：怎样做才能确保安全？是要打听这句话的真假，还是要慢慢退到门口，偷偷拨打急救电话？

在这里，我们看到了风险规避的文化属性，导致暴力的强迫想法有可能变成一场灾难。这句话的意思是，有这种强迫想法的人，即使是向自己很信任的人吐露心声，也可能导致不幸的后果。

在一次采访中，专门研究儿童强迫症的心理治疗师比尔·布伦德尔（Bill Blundell）举了一个例子，当高中生将自己的强迫性想法告诉自己的朋友时，可能会出问题，他的整个朋友圈对此的反应是"震惊，然后消息会像野火一样蔓延开来，倾诉人就会被大家抛弃"。

作家奥利维亚·洛文（Olivia Loving）就遭遇了这种事。洛文一直想知道，为什么性领域的强迫症是强迫症中最常见的一种，但人们却仍然对它一无所知。由于害怕刺伤母亲，她多年来一直避免使用刀具；在13岁的时候，她就总害怕自己会伤害某个孩子。当她在校报的匿名信中描述了自己的问题时，她的主管人通知了学校管理层和学生咨询师。由于学生咨询师不能理解她的强迫性想法，洛文被学校开除了，因为她"对其他学生构成了威胁"。

洛文称之为"强迫症的阴暗面"：必须生活在一种禁止谈论侵入性想法的文化中，谈论强迫性想法是一种禁忌。一旦触犯，人们会立即按下警报按钮。但这与治疗协会通常给出的建议相反，于是受影响的人就无法尽快寻求到专业帮助。

当塞缪尔与妻子一起观看了场面残酷的电影《上帝之城》后，他想象了自己用刀割伤妻子的场面，然后他的第一反应是走进卧室，将自己抱成一团，像个胚胎一样蜷缩在床上。他缩在那里，想要将凶残的图像赶出脑海，但它们却变得更清晰、更持久了。在为此经历了很长一段时间的焦虑和困扰后，他去找了心理医生。然而，专业人士无法为他提供帮助。塞缪尔的女治疗师是一个弗洛伊德派的心理治疗师,她好像很害怕他的想法。

"我认为她很害怕我所看到的那些画面——你知道,那些关于杀人、强奸、毁灭的想法。我想她觉得我是个危险的人。"

经过四个疗程后,当他再打电话时,女治疗师干脆不再接听电话了。

美国临床心理学领域的研究员弗雷德·彭泽尔(Fred Penzel)曾报道过一些陷入困境的新妈妈的情况。一名妇女由青年福利办公室转到他这里,因为这名妇女对自己的第一个治疗师说,她害怕自己有可能伤害自己的孩子。另一名患者从育儿所打电话给彭泽尔,她说自己的孩子在出生后立即被人带走了——她向工作人员描述了自己的强迫性想法。

想要伤害孩子的想法是产后抑郁症的典型表现,现在已被纳入其诊断指标。在一项研究中,41%曾因抑郁症卧床超过一周的女性都表示,她们被伤害孩子的强迫性想法困扰着。但即便如此,只有极少数人了解这一点。在那些想法背后,还伴随一系列想象的情景——孩子们被带走,照片出现在报纸上,伤害孩子这件事随之变得越来越真实。

其实这一切都是出于最好的意图。将一个人的想法解释为内在欲望,这种做法在当今社会中很常见。尽管如此,想要区分一个人是真的有攻击性,还是只有夸张的强迫性想法,也不是那么难。在心理治疗中,治疗师通常不仅要问患者的想法,还要问他们的感受,以及他们曾经是否有变得暴力的经历。虽然不能拿"感受"来定义一个人,但它们通常比"想法"更能解读一个人的内心。

这一切并不难理解。我们如今生活在比以往任何时候都更关注暴力的文化之中,但同时我们根本不知道暴力究竟是什么样子的。今天,暴力犯罪题材比其他类型的题材更能吸引读者和观众,其中生动的暴力描绘可能让之前的人们根本无法忍受。

犯罪题材主导了文学领域，人们认为这种类型的题材照亮了社会的阴暗面，从而实现了社会批判的功能。然而，少数几项针对该问题的调查研究足以推翻这个假设。我们在文学中读到的或在电影中看到的凶手，与现实中的凶手几乎没有什么关系。在文学作品中，谋杀本身被用作戏剧工具，叙事越来越偏离现实，越来越夸张。

很难说娱乐业是否正在培养更具侵略性的人，但在媒体研究中，有一个相当广泛的共识，即娱乐业鼓励了所谓的"共同世界综合征"：我们觉得这个世界比实际上的更加暴力，并发展出一种近乎偏执的观念，认为每个人都有可能变得暴力。在犯罪中反复出现的问题——"是谁干的"，导致了一种让人惶恐不安的双重人生。在这些情况下，哪怕是一点小小的迹象都可能表明一个人具有暴力倾向，就足以作为怀疑或自我怀疑的依据。

实际上，每个人都会有这样的想法，有时甚至与感受结合在一起。人如果在交通高峰阶段走上街头，那么"杀人冲动"很快就会浮现。从杀死自己孩子的焦虑最终发展到真的付诸行动也是有可能的。临床心理学家李贝尔（Lee Baer）经常治疗此类患者，在治疗中他非常着重于向这些父母解释，如果真的杀死了孩子会有什么后果。如果他们仍然无法冷静地摆脱可能引发问题的本质，那么无法控制的愤怒、药物引起的攻击或某些形式的幻觉都可能是明确的警示信号，警告人们应该认真对待这些强迫性想法。例如，一位患有产后精神病的妇女看到婴儿的鼻孔冒出黄色的烟雾，并坚信孩子是从魔鬼那里来的。她觉得最好把孩子放在她丈夫以后能找到的垃圾桶里。

此类症状很容易识别，并且比较常见。然而在娱乐业中，暴力被赋予了神秘的光环。《化身博士》中哲基尔博士和海德先生几乎就是这方面的典型：不是在"有意识"和"无意识"之间，就是在"谋杀者"与"旁观者"之间做捉迷藏的游戏。

有观点认为，攻击性的强迫性想法比性的强迫性想法产生得更早。早在 250 年前，已经有了如何识别攻击性倾向的研究。18 世纪时，德国医生弗朗兹·约瑟夫·加尔（Franz Joseph Gall）已经发现，各种灵魂的特性可以在头骨形状上显示出来。他的颅相学理论在 19 世纪被切萨雷·龙勃罗梭（Cesare Lombroso）进一步扩展，他是犯罪学的创始人和种群生物学的先驱之一。龙勃罗梭在研究中十分关注头骨的形状和大小，并发现有一些犯罪倾向是天生的。这些人往往缺乏更发达的神经中枢，而这些神经中枢代表了文明人与原始人的区别。暴力的人比守法的人更原始化，因此应被视为动物而不是人类。

这项研究中的许多结论直至今日仍然在运用，只不过它现在较少涉及头骨形状领域，更多关注的是大脑和基因。心理学家阿德里安·雷恩（Adrian Raine）在他那本著名的书《暴力解剖：犯罪的生物学根源》（*The Anatomy of Violence: The Biological Roots of Crime*）中介绍了名为"龙勃罗梭计划"的实验，其中所有 18 岁及以上的男性参与者都应该进行核磁共振检查，以确定他们是否具有一个杀手的大脑。

在雷恩的观点中，最令人印象深刻的是他对龙布罗索在事后受到的不公平对待进行了评价。虽然他承认，科学界到目前为止并没有发现侵略性生物学标记的证据，但他相信就像那些坚决捍卫自己研究领域的人一样，只要继续投入资金进行研究，迟早会证实这一点。雷恩说，到现在为止，已经可以预测哪些儿童未来会有暴力倾向。

雷恩和其他研究生物学攻击性的科学家们一起，设计了一个性格模型，其中暴力只是"有倾向性的"，而不能被"预先决定"。他们假设在环境中存在的触发因素会使某些人比其他人更暴力。该理论从某种程度上打破了"先天与环境"之间的关系假设，却从另一方面强化了"人类的个体内部存在着某种优先于社会影响的东西"这个假设，于是一个更机械的模型出现了："天生 + 环境 = 个体"。虽然人类仍拥有少量的选择自由，但命运的选择只有"是"和"否"两个答案。这个假设可以在萨德侯爵[①]身上充分地体现出来，他是一个完全遵循了本性的人。几个世纪后，约瑟夫·弗里茨囚禁、强奸和虐待自己的女儿24年，这让他成了众所周知的"天生强奸"性格模型。

为了批判这种假设，杜绝某些别有用心的人将天生的暴力倾向拿来当作挡箭牌，并将想象中的暴行付诸实施，雷恩宣告说他自己也有与连环杀手相同的异常大脑结构，以及非常低的静态心率。另一项引起媒体关注的宣告是，神经科学家詹姆斯·法伦（James Fallon）在一本书中记录了他的意外发现：自己大脑的扫描结果与精神病患者的大脑扫描结果相同。法伦对这一发现感到非常兴奋，这让他认识到自己实际上是多么的精神错乱。他渴望报复、有秘密的恋情、谎话连篇、对家人十分冷漠。但法伦不得不维护自己的研究分支，他在这方面的推理仅仅基于某些很弱的关联，这很遗憾。

正如在前面提到过的，我认为"天生的精神病"这个假设本身就是病态的，因为它预先假定了人类在精神病中占主导地位的机械形象。通过将精神病患者比喻为一台坏掉且无法修复的机器（精神病患者一直被描述为会对所有治疗免疫），我们对精神病患者的态度就像该患者对周围环境的感知一样冷漠。此外，"迷之自信""缺乏内疚感""不负责任""多段短期的婚姻或情侣关系"的表现程度因人而异，所有其他确定精神病的标准也都是如此。可能那些精神病特征最轻微的人才最担心自己在本质上、在内心深处真的是精神病患者。

[①] 17世纪法国贵族出身的哲学家、作家和政治人物，是一系列色情和哲学书籍的作者，以性虐待描写及由此引发的社会丑闻而出名。——译者注

伴侣关系

"大脑可以将不快乐的一天作为强迫性想法的证据,也可以将快乐的一天拿来作为同样的证据。根据我的经验,简单的笑声也可能会引发一个强迫性的深思:我真的快乐吗?"罗斯·布雷泰策说道。

这种对幸福的担忧,与她对性的自我剖析大不相同。相比之下,担心自己是否真的快乐,就像是一个奢侈的问题。"我现在是真的、真的很快乐吗?"这种语气带着点儿挑衅。

但这个话题并不能决定一个人有多担忧。有一个非常有效的方法可以判断你是否快乐,那就是与自我和自己周围的环境保持距离,看看自己是否会变得不快乐。使用这个方法时,有一种情况是例外的,它非常棘手且难以判断:我是否处于一段正确的关系中?

这个问题很普遍,并在强迫症研究中作为一个单独的分支出现:关系强迫症。患有关系强迫症的人会反复思考一个问题:"如果这是一段不正确的关系会怎样?"在一篇早期的相关文章中,作者非常详细地描述了两个案例。

32岁的顾问大卫将自己的问题描述如下:"我已经困在这种关系中一年了,我的大脑总是在思考这段关系是否适合自己,无法停止。我在 Meta 上或在城市里看到别的女性时,总会想,如果跟她在一起,我是不是会更幸福,或者我能否真正爱上她。我问过自己的朋友们如何看待我的这个想法,我也在不断地问自己对女朋友的感觉到底是怎样的,我是否能记住她的脸,是否会经常想起她。我知道我爱她,但我仍然需要一遍又一遍地确认自己的感情,这让我感到很沮丧。"

28岁的研究员简对更具体的事情感到困惑:"我爱我的伴侣,我知道没有他我将活不下去,但我不喜欢他的身体,我觉得他的身材比例不好,我无法停止这个奇怪的想法。我知道我爱他,我知道这些想法不对,他其实看上去很不错。我讨厌自己的这些想法，我认为在一段关系中，外表并不重要，但我就是无法摆脱。为此我还会关注其他的男人，这让我快发疯了。我总有一种感觉，他的样子使我没办法嫁给他。"

这些思考很难被轻易地归入病态的范畴。但这些思考的强度和空间都值得我们进行深入研究。

劳拉的治疗师让她记录一天中出现的所有想法。但仅仅三个小时后，劳拉就因为对伴侣关系的过多思考而筋疲力尽。在她的记录中可以反复看到，她在思考自己实际上到底是不是异性恋。到目前为止，性倾向这个问题我们已经讨论过好几次，但相关问题总是层出不穷。

"我想和谁生活在一起？如果她不适合我怎么办？如果我实际上应该和一个男人生活在一起怎么办？但是，等一下，我已经和男人在一起生活过了……这种生活怎么样？我能好好表达出对这种共同生活的感受吗？和现在有什么不同？我应该再试一次吗？我有点期待再试一次。但我自己会有什么感受呢？如果我因为无法做出承诺而犹豫不决怎么办？这样的感觉对不对？我在这段关系中会有性欲吗？情感对我来说更重要……但现在我对性生活感到怀疑，那会是怎样的？……什么会让我感到幸福？我应该搬家，还是多出去走走？不，我根本不是那样，但我是谁？但是，等一下，我还是想和她生活在一起，但是在做出承诺之前，我是不是要先尝试一下，看看自己到底是什么样的？但我该如何知道自己到底是怎么样的？我想和她一起生活，我从未对任何人有过这种感觉，和她在一起时我会完全忘记时间，七个小时就像一个小时那样。我以前从来没有和任何人分享过这么多事情，即使这样，我的大脑还是在为是否要跟她在一起而做斗争！这些感觉让我不舒服。安慰、平静、亲密以及……爱——不，我从来没有爱过！我没有和女人在一起过……是吗？我真的有这种感觉吗？如果我错了怎么办？"

劳拉觉得，这些想法占据了她一整天中 95% 的时间。

我们是否都会时不时受到这种想法的影响呢？这个问题无从得知。是否想要杀死自己的孩子，或是否真的是恋童癖，这两个问题很少有人能给出建议，但对于"伴侣关系是否正确"这个问题，能给出建议的人却很多。

我们经常想要通过那些提供建议的书籍来了解当前的伴侣关系是否正确，是否还有发展下去的机会。"下一步要如何维持伴侣关系"这个话题为很多情感顾问提供了赚钱的机会。

"你是否真的爱自己的伴侣"这个问题太普遍了，几乎是不可避免的。在几个世纪以前，这个问题大多数时候还是不被理解的，其中一个原因是，那时候选择伴侣并不是个人的决定，而是集体协商决定的。

离婚这件事也是相对较新的概念。在整个 19 世纪，瑞典批准的离婚数量为 15 000 个，比当今一年的离婚数量还少。直到 1915 年，人们才被允许以"长期持续的关系破裂"以外的原因离婚；直到 1970 年，德国和法国才在立法上以类似的方式放宽了离婚限制；在更多的国家，比如印度，法律上仍然对离婚有重重限制，极大地遏制了人们的离婚打算。

我们早就不重视感情在婚姻中的作用了。虽然在婚姻中夫妻对彼此的看法很重要，但在 19 世纪之前，由婚姻关系所组成的家庭中一直是相当缺乏爱情的。这种情况的存在并不是因为以爱情为基础的婚姻是近代才兴起的，而是因为当时婚姻扮演了其他角色，尤其是经济角色。

如今新增加的是在实际和虚幻之间被撕扯出来的感情分离，在这个分离区域里存在着"被压抑的欲望"。然而，在宗教和文化长达几个世纪的影响下，担忧不仅仅是源于两性中的禁忌，还源于在性自由、性快乐文化背景下，人们依旧不能获得性满足。

第二部分　焦虑的历史与根源

马茨很焦虑，因为他总觉得不满足。凭借他的外表——灰蓝色的眼睛、匀称的下巴、金色的卷发，如果他将自己的照片上传到约会门户网站，所有的大门都会向他敞开。但是马茨已经处于恋爱中了，他不知道这段关系的开始是对是错，他觉得自己无尽的激情被限制了，这简直是反人性的。

当他还是一个孩子时，强迫性想法就已经出现。他将自己的想法与空间联系起来：当走进一扇门时，他会想到家人可能会在一场严重的事故中丧生，于是他必须回到原地"回想一下这个想法"。这可不是那么容易的事，导致他时常会在学校或者家门口站很长的时间。

高中时期，他的强迫性想法愈演愈烈，马茨越来越害怕被感染，尤其是被周围可能出现的注射器感染。每当他坐在室外的长凳上时，都迫切想要在整个公园里寻找吸毒者的注射器。因为害怕打针，他慢慢产生了焦虑症，直到他的母亲意识到不对劲，才带马茨去接受拮抗治疗。在治疗中，他逐渐学会了面对自己的担忧和焦虑。

那些强迫想法也深深地影响了他的人际关系。马茨一直认为自己是个浪漫的人，一夫一妻制的伴侣关系对他来说很重要，他比同龄人更看重感情专一。当他的朋友们正在为下一次训练营或网络派对做准备时，马茨已经迫不及待地想要赶紧长大并找到一生的挚爱。结果并没有他想象的那么好。

"在遇到我女朋友之前，我就思考了很多关于伴侣关系的问题。什么样的感觉才代表你遇到了正确的人？我真的陷入爱河了吗？还是说我只想谈恋爱？当我这样怀疑自己时，还正处于一段交往关系之中，这是不道德的吗？"

一些社会学家认为，这是一种后现代时期产生的对生活真实性的崇拜，但是这个真实性有很多含义。它既不是马丁·海德格尔（Martin

Heidegger）的"一个人，完完全全地意识到自己最终会死亡"，也不是让-保罗·萨特的"一个明确地为自由而战的斗士，从不将自己的错误归咎于'本性'"。不，它的意思是寻找内在本质的真实性。那种内在的本质可以促使人们做出决定并调整以后的人生。只有当情感的"核心问题"——"我是真的爱他/她吗"，得到发自内心深处的确定，生活才可以顺其自然地进行下去。

正如马茨本人所说的，这与享乐主义的自我反省无关。因为怀疑，他对自己的伴侣感到非常内疚，就好像背叛了她一样。她难道没有权利和真正爱她的人在一起吗？

"我告诉了自己的女朋友，只提了一点点，但不是很好，她很受伤。像普通情侣一样相处对我来说有些困难。我觉得自己并没有别的想法，我必须得做点什么，所以我开始接受治疗。但治疗一开始，我立马就开始怀疑，自己的这些问题是否真的与强迫症有关。因为我宁愿问自己：我是谁？"

不久之后，马茨的女朋友怀孕了。

"那真是非常特殊的治疗。我开始治疗是因为我对我们的关系存有怀疑，然后我发现她怀孕了，就突然……突然变得更加严重，因为拥有家庭是一生的承诺。这不仅仅是一起待几个月的问题。"

许多感情咨询师都可能会建议马茨分手。无论是不是强迫症，怀疑和浪漫都无法好好融合在一起。然而，即使是一个很理性的人，经常看到人们从一段伟大的恋情开始最终走到可怕的婚姻关系中，也不能不怀疑。

焦虑症患者在他们的治疗中会学习到一点，那就是心理健康的人所拥有的安全感通常只是一种错觉，没有人能真正摆脱不确定性。弗洛伊德可能是对的，我们都在压抑自己那些变态的想法。我们有可能患上精神病并杀死我们所爱的人，更有可能在未来的某一天离婚并陷入监护权之争，看着当初轰轰烈烈的爱情最终变成无尽的反感。

我们无法否认这些风险,正如我们对世界的认识永远不会是完美的。然而,情歌和浪漫电影让我们错误地相信,在两个人的世界里,总会有一种超自然的安全感在等待着我们。那些美好的图像和故事都像是一场灿烂的烟花,让我们错误地觉得在爱情中总能找到一个固定点。而这正是祛魅的基础。疏离、焦虑、抑郁——没有什么是不可战胜的,只要那个"正确的人"出现,就可以将它们从这个世界上消灭。

更令人困惑的是我们如何去找到"正确的人",感觉就是一个缺少自由的简化过程。否则,怎么去解释同样是"爱"这件事,却有着各种各样、神秘莫测的表现,而且如果将富人与穷人、文盲与受过良好教育的人、肥胖笨拙的人与训练有素的人匹配在一起就被认为是很差的爱情呢?

早在20世纪50年代,德国精神分析学家埃里希·弗洛姆(Erich Fromm)就曾描述过,选择伴侣体现了资本市场的理性。我们用我们的"资本"——我们的外表、我们的成就、我们有多有趣,来寻找与我们条件相当,或者比我们更优越的人。这个过程类似于以利润最大化为目标的经商,坠入爱河经常被描述为:一击命中的感觉。

网络约会的出现进一步巩固了这种排序机制,而在网络约会出现之前大约50年,弗洛姆就曾警告说,在恋爱关系中人们会变得越来越被动。

弗洛姆进行过许多不以揭示潜意识过程为基础的观察,以上结论只是其中的一部分。许多人坦诚地说,他们不再将"爱"和"欲望""恋爱"联系在一起。尽管弗洛姆以一个道德高尚的爱情大师形象闻名,但据说他也背叛了自己历任的妻子。

就连马茨自己也渴望一种轰轰烈烈的恋爱,可以彻底将生死和自我都融合在一起。在柏拉图、斯宾诺莎和大多数西方哲学家看来,一个理智的人应该拥有这样的激情,但对马茨来说,这才是情感的最高形式。他本想通过治疗再次获得体验这种情感的机会，但即将成为父母的事实将这种美好的愿望剥夺了。他感到恐惧，觉得自己陷入了万劫不复，这种强迫性想法变得越来越真实。

"现在，我的怀疑有了真实的原因，一切都变得不同了。人们可以很容易就意识到，强迫症般的反复清洁，或者害怕被用过的注射器扎到，是不正常的，一旦涉及伴侣关系时，就会变得复杂。我知道，中学时代的那种强烈的、刻骨铭心的恋爱，我永远不会再拥有了。"

毫无疑问，性吸引力是选择伴侣时的决定性标准。正如社会学家伊娃·伊洛兹（Eva Illouz）所说，这仍然是一个非常新的现象。直到19世纪，审美才同时包括身体和心灵。诗人罗伯特·布朗宁（Robert Browning）和伊丽莎白·巴雷特（Elizabeth Barrett）的爱情故事就是一个很好的例子：当他们第一次见面时，伊丽莎白瘫痪在床，这并没有妨碍罗伯特爱上她美丽的心灵，这在罗伯特的诗中都有所体现。伊丽莎白的身体状况并没有影响到罗伯特的爱情，肉体关系可能会影响其他关系，但性吸引并不是维持婚姻的唯一要素。而当今的一项调查显示，肉体吸引力的排序高于文凭或智力。美国的一项长期研究也表明，在过去50年中，这一标准变得越来越重要。

这种趋势在男性和女性中都可以看到，但在异性恋人群中，其标准却有着明显的性别差异。约会网站 OkCupid 的创始人之一克里斯蒂安·鲁德（Christian Rudder）在他的《内部大数据》（Inside Big Data）一书中，对网站的大量用户数据进行了评估。根据鲁德的说法，外貌对男性来说远比对女性重要，这里指的是非常具体的外观。异性恋女性大多希望寻找年龄相仿的男性，但异性恋男性，无论是30岁还是50岁，都希望对方的年龄在20到23岁之间。

男人如此执着于外表，会产生一系列令人不愉快的后果。我自己对网上约会行为进行了一项小型研究，并对结果感到震惊，那些被描述为"肥胖"的女性受到了非常糟糕的对待：那些最初表现得很文明的男人，在多次联系后，会对肥胖女士进行侮辱和咒骂；甚至有些人认为要用一种非常明确的方式向肥胖女士指出，她们应该删除个人资料，并从网上约会的世界里消失。

我还没有遇到过一个被女性同样恶劣对待的男人。一位女士告诉我："男人羞于和体型比自己胖的女人在一起。但不知何故，他们却觉得女性这种体型会给性生活带来好处。"

这种事我也经常听说。男人们对丰满的女性会产生兴趣，经常明确地表达对于丰乳肥臀的渴望，但却害怕与这样的女性在公共场合牵手。"性"要如何激发审美的概念，值得进一步探讨。在这里，社会压力的存在有助于达到更好的结果——这与韦伯曾经描述的新教徒的职业道德非常相似，只不过转移到了身体上，坠入爱河被当作一种人们希望得到的救赎。

"自从儿子出生以来，我一直在休育儿假，从那时起我就避免与某些人见面，"马茨说，"我为自己的怀疑感到羞耻。"

然而，自从他敞开心扉以来，对另一半的愧疚感已经减少了。

"怀孕期间有很多问题，存在很多不确定性。我失业了，不知道该怎么办。她是学生。我们住在这间公寓里，周围的人并不在意我们，所以我们联系了一位婚姻治疗师。这对我有很大的帮助，因为婚姻治疗师谈论得更多的是感情矛盾，而不是强迫性想法，这样我能很好地理解和接受。我可以用一种不同的方式来表达在恋爱关系中的感受：我这样做对吗？还有更好的方式吗？现在我甚至可以直接对她说：我对你的感情很矛盾。"

"是否处于正确的伴侣关系中"这个问题不再困扰马茨了。他再去谈论感觉就不会有那么多的内心戏了，虽然他仍担心会伤了妻子的心，但他不再担心自己会夺走妻子某种重要的东西了。

放下执念：有没有勇气看淡一切

基本上，担忧和焦虑只指向那些对我们重要的事情。治疗手册上是这样说的："我们在温顺的人身上发现了具有暴力的强迫性想法，在道德感很强的人身上发现了带有性内涵的以及做坏事的强迫性想法，这并非巧合。事情越重要，消极的想法就越严重。"

但无论是不是强迫性想法，为什么我们常常会如此重视这些想法呢？

这个问题几乎是所有焦虑的决定性因素。有一篇堪称认知科学典范的关于焦虑症的论文，将其最根本的问题归结于"灾难性的误解"。也就是说，在惊慌焦虑中出现了这样的苗头：焦虑导致人们身体发生反应，并以恐慌发作的形式呈现出来。对于强迫症患者来说，这种发作时常会出现——强迫性想法令人产生内疚感，而且越想要抵抗它们，它们就越危险。但是，这种解释是否能够脱离其历史影响来看呢？

我在第 1 章中提到过，在流行病学推断历史上，20 世纪 70 年代时全世界只有一小部分人患有强迫症，而今天这一比例大约为全世界人口的 2%～3%。将这些数字进行对比很困难，因为不同的调查问卷之间存在极大的差异。但我们仍然可以说，所有这些问题，以及由这些问题引发的侵入性自我怀疑，都需要一个文化框架作为背景。我们很难从时间上缩小这个框架的范围，但可以相对肯定地说，它并不是一直都存在的。

这也适用于我所介绍的风险领域。当然还有其他与强迫症或焦虑症有关的风险因素，但本质问题都不是关于风险本身，而是关于"内心的批判"。著名残疾研究专家、人类发展教授伦纳德·戴维斯（Lennard Davis）在他的《强迫症发展史概述》中写道："很早以前的人们可能也有过类似的感受和经历，但这种一连串的自我指责有非常明显的现代特征。"

尽管有少数流行病学研究表明，各国之间差异很大，但临床上最基本的假设仍然认为，担忧和焦虑存在遗传倾向。时不时会听到某些研究人员报告称，他们发现了一组易患这种或那种焦虑症的基因。然而，这些研究未能解释这些变异的来源，以及那些没有这种遗传倾向的人为何仍然会患上这种病。

遗传易感性的概念是毫无根据的，这一点可以从心理学发展历史的教科书中发现，在那些书中，强迫症被描述为一种自古以来就存在的疾病。

对此，戴维斯总结道："这些书只简要涉及了 10 世纪的波斯人、帕拉塞尔苏斯、中世纪和文艺复兴时期的医生、麦克白夫人和塞缪尔·约翰逊、天主教会和其他少数宗教派别。尽管证据很少，但强迫症一直被认为存在于所有文化中。每个新的出版物，无论是自救指南还是学术论文，都使用这个短名单作为证据，但强迫症作为一种疾病存在的实际证据非常有限，甚至达不到历史课论文的标准。"

甚至临床心理学领域的研究人员也对此提出质疑："强迫症在多大程度上可以在所有的文化领域中都成为一个有效且有意义的临床类别？"这已经不仅仅是社会学领域需要面对的问题了。

如果问题出在大脑，那么需要治疗的是大脑。脑部手术已被用于特别"严重"的强迫症病例治疗，该领域的主要研究国家之一是瑞典，20 世纪 50 年代以来，在瑞典一直有相关的手术。

瑞典开发的手术被称为囊切开术（capsulotomie），与脑叶白质切除术（Lobotomie）一词很相似，这并非巧合。在内囊切开术中，大脑的内囊被切开，这是大脑中最深、最大的神经纤维集合部位。人们喜欢从医学角度强调这种方法的有效性，几年前卡罗林斯卡研究所发表了一篇文章，认为"一半患者在脑手术后强迫症得到缓解"。然而，实际上结果却是截然不同的：在 1988 年至 2000 年间接受手术的 25 名患者中，有 12 名患者的症状至少减轻了 35%，但这并不代表完全缓解。几名患者在手术后试图自杀，有一名患者自杀成功。其他的副作用包括体重急剧增加、尿失禁、无精打采和记忆力受损。

2007年之后，瑞典就没有人再去做内囊切开术了。今天使用的方法叫作深度脑部刺激，就是通过插入大脑中的电极，将有节律的电脉冲导进去。尽管已经有了这类效果显著的激烈治疗法，但大多数外科医生公开承认，他们并不知道强迫症的真正原因。在一篇关于深度脑部刺激的文章中，一位神经外科医生被问到他认为强迫症的原因是什么时，他回答道："我不知道，但我很清楚地知道它涉及大脑的哪些区域，以及触发强迫症发作的信号在哪里产生，还有应该如何抑制它们。"

然而，在远离实验室的地方，有一种伟大的治疗活动，值得让人们献上最深切的敬意，那就是让强迫症患者直面恐惧的治疗方法。这里有两个例子。

一位女强迫症患者总害怕自己会将某个人推下地铁站台，因此她不再乘坐地铁。在治疗中，她学着习惯这种恐惧，从而学会了与这种强迫性想法和平共处。她来到站台，并停在那里观察谁会是潜在的受害者。在她的最后一次练习中，治疗师站在平台的边缘，她就在治疗师身后。当火车进站的时候，他们离得很近，只要她愿意，可以毫不费力地把治疗师推到铁轨上。

一个男人总担心自己会刺伤身边最亲近的人，在治疗快结束时，治疗师让他把一把非常锋利的大砍刀架到治疗师的脖子上。

这些治疗师知道下一秒会不会真的被患者杀死吗？他们当然无法知道，但他们给了患者深深的信任，这种信任就是治愈的力量。

第三部分

焦虑破解之道

真正的面对意味着我们必须学会接受焦虑。

第 10 章
从焦虑到行动

"我的问题是,我太理智了,一直都在思考和辩解,而不是直接关闭大脑。"有这个问题的并不止萨米拉。但她的故事并不是简单地想要通过思考来摆脱强迫性想法,而是尝试用一种更激进的方式来控制自己的担忧。她知道,停止这种思考并"关掉大脑"是可行的,她已经这样做过好几次了。

她盘腿坐在那里,向我倾诉着她经历过的打击。仔细回想起来,她觉得自己现如今就像是生活在另一个世界。而那时候,她结婚了,做了几年医生,并为了这个工作放弃了很多,但她梦想着在瑞典北部的诺尔兰定居,过上从小就向往的日子。在远程培训期间,她和丈夫找到了一座五米高的石屋,他们希望住在那里,远离城市喧嚣,享受安静的二人世界。

三年后,他们离婚了。

在 30 多岁的时候,她搬回了斯德哥尔摩,像回到了魔鬼之城,她感到了陌生和排斥,那里的医疗保健系统也不健全。以前的朋友们要么已经搬走了,要么完全沉浸在家庭生活中。她原本将所有希望都寄托在诺尔兰的安逸生活中,但那已经不复存在了,她感觉自己很失败。

"从孩提时起我就一直在与抑郁症做斗争。"她说。但这一次不同。这一次无论是增加抗抑郁药剂量,还是增加与心理咨询师谈话次数,对她来说都不够了。"我感觉必须做点什么,否则我会自杀。"

她有一个熟人,总是对一种"可以改变人生"的饮品赞不绝口,这燃起了她拯救自己的希望。那是一种茶,一种萨满茶——实际上那是一种致幻饮料。

"熟人告诉我,喝下那个茶,我就能见到自己的恶魔,这对我来说太有吸引力了。我真的很想了解自己心中的恶魔到底是什么样的。"

"他们是什么样的恶魔?"我问。

萨米拉想了想。

"在战争时期我过得很糟糕,不是因为没有东西吃,更多的是因为父亲殴打母亲和我的兄弟姐妹。"

萨米拉的父亲当时对酒精和鸦片上瘾。萨米拉七岁时,他们全家从黎巴嫩逃到瑞典,他才被迫放弃了毒品。但这时萨米拉发现了新的威胁——来自瑞典社会的压力。

她一直担心家人们会不遵守规矩,那样的话他们就会被驱逐出境。刚开始的时候,这确实是一个真正的威胁。萨米拉需要承担起责任,是否能取得居留证确实与她相关,她承担不起犯错的代价。

但即使在整个家庭都获得居留许可后,她也无法摆脱压在身上的内疚感和责任感,这些感受伴随她长大。她的父母从未好好学过瑞典语,只能通过她与外界联系,在与社会服务机构和医疗保健机构打交道时,她不得不为家人充当口语翻译。

内疚变成了羞愧。她很羞愧,因为父母没有工作,因为父母不给她做饭,因为父母太老了。她以各种各样的借口推掉学校的家长约谈。

她说，那些情绪（羞愧和内疚）造成的问题，比缺钱，比只能依赖福利生活所带来的影响还大。虽然父母伤害了她，但她依然爱他们。有一次，父亲在公共场合殴打她，那是在游泳池的入口大厅。萨米拉在自助饮料机上购买柠檬汽水，但钱不够，导致出货口打不开，她拿不出汽水。这时父亲给了她一拳。

"我情绪失控，开始哭泣。不是因为身体上的疼痛，而是因为羞耻，因为被别人看到了，他们肯定会觉得我们很奇怪，这件事证实了移民会打孩子的偏见。"

父亲是自己的恶魔吗？还是那个突然无缘无故排斥自己的高中同学？还是那个控制欲很强，总是批判她的前夫？她不知道。但不论那个恶魔是谁，她都想认识他，因为她想深入了解自己。

萨米拉查了很多资料，了解到那种迷幻酒基本上是无害的，服用后不会产生危害，也没有上瘾的风险。只是有些人服用它后会变得焦虑，但她自己已经有太多的焦虑了，这已经无关紧要了。她联系了西班牙一家看起来有点阴森的萨满静修所，逐渐停用了自己的抗抑郁药，并前往那里。

当她从机场被接走后，她开始迷惑了，她要去那里做什么？为什么她要把自己置于这样的境地？显然她要在一个仓库里遇到自己的恶魔了。那里立着一座漂亮的祭坛，墙壁上贴着色彩鲜艳的布，在她的床垫旁边，是一卷卫生纸和一个用来呕吐的水桶，另外还有大约30名参与者。和其他人一样，她被要求在仪式前换上白色衣服。萨米拉看到这个场景时，浑身一颤。

"我就想：妈的！我是空降到一个邪教组织中了吗？"

她抱着自己的毛绒玩具，那是一只没有腿的兔子——唯一被允许随身携带的私人物品。参与者先是进行了自我介绍，每个人都可以讲述自己参加仪式的意图，然后将饮料分发出去。饮料很苦，混合了酵母和金属的味道。喝完后，她躺在床垫上，并闭上了眼睛。

一阵猛烈又难受的恶心感侵袭而来。她觉得头痛欲裂，睁开了眼睛。她的兔子变成了蛇的形状。实际上，它看起来和往常一样，她也没有看到任何不存在的东西，只是发现了新的细节：像眼睛，许多的眼睛。

虽然被提前告知要保持安静，但她还是惊慌失措地大声喊叫起来。一位女助理走了过来，萨米拉告诉她，自己没办法忍受，她一定是服用得太多了，感觉比预期的要多得多。

她和助理一起离开了仓库。助理建议她用手触摸草地，这样大地会吸收一些能量。萨米拉身体前倾，冷汗淋漓，并照着助理的建议做。

这有些作用，她很快又回到了床垫上。药物改变了她的意识，她尝试着跟上仪式的进度，试着"顺从"，但却不知道怎么做。到了转折点的时候，她只能想着：如果我现在死了，也就这样了。然后，她慢慢地消失在一个黑洞中。

无言的阶段，伴随着嗡嗡声的寂静和光年般的悲伤，就像在太空中一样。

现在她站在那里，准备好面对自己的恶魔。

当记忆从脑海中掠过时，她没有害怕。她一个一个地看着它们，即使是那些最坏的人也让她感到一股暖流。这时一个男人走到了她的面前，那是他们逃难之前住过的小镇里一个店主的儿子，在她童年的时候对她进行过性虐待。

"我想象过在仪式中会看到的一切，他甚至从来没有出现在名单上。"她说。

并不是她忘记了这个男人。这个人一直存在于她的潜意识里，只是她没有太注意而已。整个故事是如此恶心和令人羞耻，也许一切都是因为即使她明知道会发生什么却还是走进了商店里。那不是她会做出的事，难以置信的愚蠢，她居然继续让自己暴露在危险之中。

这时她以不同的眼光看待这件事。她可以看到当年的萨米拉，她就在小萨米拉的身体里，感受着她的悲伤、恐惧，以及她多么想被人发现。但真正不可思议的是，她竟然还能看到肇事者，他的人生就像一张地图铺在自己面前，铺在她的旁边，与她的人生重叠，就是她人生的一部分。

"共情"这个词太弱了。当他袭击她时，她看到了他的人生，他来自哪里，以及他的侵犯将如何在两个人身上继续且永远地存在。

"现在，除了这次经历，我没有其他的解释了，"她说，"但那一刻我感受到了对他的爱。"

三个小时后，她坐了起来。她回来了，一切都和往常一样，但又大不相同。她又看到了仓库里的那些陌生人，这种和解也发生在他们身上，她也感觉到了。他们就像加入了千人合唱团，颤抖着，但也很坚定。他们是隐藏在各自身体形态下的谜团，每个人都是一个奇迹。当他们旅行归来时，她惊讶地看着他们。

一切都清楚了。思维安静下来了，她的大脑终于安静了。

思考困境：我们需要分散注意力

我们已经在本书的几个例子中看到，想要不去思考某个令人困扰的问题很困难，无论我们愿不愿意，这种思考总会回到脑海中。

"我们不是一直都在思考吗？"这是我在从事与本书内容相关的工作时，最常见的评论之一了。不，我们不是一直在思考。

困于思考之中并不是人类唯一的意识状态。我们在一生中，大部分时间是在大脑放空的状态下度过的。晚上我们会经历好几种无意识状态：深度睡眠和伴随着梦境的睡眠，有时甚至会经历梦游和清醒梦的状态。在印度教和佛教的漫长传统中，一直存在着形容不同类型"清醒状态下放空大脑，不思考任何事情"的词汇。"三摩地"就是两种宗教传统中都存在的一个词，被描述为"虔诚的冥思状态"，可以是禅修者将所有思维都专注于一境并持续很长时间，也可以是仅仅几秒钟内的绝对专注。类似的术语出现在各种神秘的传统中，比如苏菲派将该状态称为"法纳"，基督教奥秘派则称它为"抽搐"。

在世俗环境中，清醒状态下的疏忽往往会出现在艺术和体育领域。所有的思考类型，无论是消极的还是积极的、评论的还是分析的，在有所疏忽的时候往往会产生破坏性的影响。我们在作家的写作瓶颈中、在网球运动员的非外界干扰性失误中、在国际象棋选手比赛时的分析失误中都能看到这一点。从事歌剧、舞蹈、足球、撑杆跳这类活动的人都会用同样的方法训练自己去放空大脑，是为了更好地让身体储存技能，并将它们转化为肌肉记忆。

在这种情况下，思考的干扰会产生毁灭性的影响。但完全阻止思考干扰也是不可能的，尤其是在决赛中，运动员经常会犯他们平常不会犯的错误，这种现象被称为压力下的失误。对三万场飞镖比赛的评估结果表明，球员在关键时刻投掷的表现往往更糟，来自社会的压力显然通过思考影响运动员手臂的运动。

即使在日常生活中，思考的干扰也会给我们带来很多问题。我们应该都经历过：想要在派对上找乐子时，内心的自我批评却让人扫了兴；约会的时候，思前想后会破坏浪漫的气氛；想得太多总会让人难以入睡。

那么，当这些想法侵入大脑时，我们该怎么办？前面我已经谈到了一种不好实现的方式（萨满），那是用来摆脱对我们影响最大的思考的。我们还有其他选择,例如,可以通过心理治疗谈一谈困扰自己的经历,或者通过运动使身体感到疲劳,我们也可以喝酒、看电视、冥想、阅读。

为了将注意力转移到大脑以外的事情上,人们将大量精力投入到其他活动中去。现在谈论这些活动能够带来的效果还为时过早,但不可否认的是,今天的我们比以往任何时候都更需要分散自己的注意力。

自19世纪80年代以来,人们接收的信息总量增加了五倍。一个世纪前,一个人一生阅读50本书就很不寻常了;而今天,一个孩子看了200多部电影都很正常。大约一半的美国青少年表示,他们几乎一直网络在线。

我们在网络上花费了太多时间,以至于网络成瘾被认为是一种新的心理学临床现象。在世界各地,人们都在讨论电子屏幕使用时间,世界卫生组织甚至发布了一项指导方针:五岁以下儿童每天在屏幕前度过的时间不应超过一小时。

那些助长网络成瘾的力量如此强大且真实,有为了吸引人们注意力而专门创建的游戏和社交媒体,有新闻网站、流媒体服务、在线商店和互联网论坛,它们都有相同的目标:最大化争取人们的时间。

许多科学家认为,网络成瘾就是越来越多的年轻人产生心理疾病的原因。他们发现2010年以后青少年中焦虑和抑郁的大量增加,与年轻人手机使用时间的爆炸式增长,以及社交媒体吸引了数十亿新用户这两件事发生在同一时期。心理学家简·M.腾格(Jean M.Twenge)发现了它们之间明显的联系,她认为屏幕创造了一种新的依赖形式,将年轻人与网络之外的世界隔离开来。

如前所述,人类是否会感到幸福这一点,很难通过 x 与 y 的直接关系来论证,某一个变量也许会产生部分影响,但我们的心理状态是很多事情共同起作用的结果。在《自然》杂志上发表的一篇文章中,作者对各种数据进行分析对比，其中包括腾格理论中的数据，研究了屏幕使用时间与其他变量之间的关系。研究者发现，"感觉不幸福"和"长时间看屏幕"以及"吃土豆"两个变量的相关性一样弱。从统计学上讲，戴眼镜还会引发更多的"感觉不幸福"。

但问题仍然存在：为什么这么多人如此关注屏幕使用时间？我们上网太多了所以感觉很糟糕，还是我们因为感觉很糟糕才一直呆在网络中？

成瘾研究已经将这类问题以无数种形式进行分类，并一一列举了出来：为什么人们如此在意这些会对自己和周围的人产生负面影响的活动呢？

屏幕世界并不是唯一的避难所。如今生活在各种成瘾世界里的人比以往任何时候都更多，例如可卡因世界、酒精世界、游戏世界、体育世界等，成瘾研究人员对每一种成瘾世界都进行了深入的探讨。他们无法达成一致的是：成瘾问题是否严重到需要用特定药物来进行干预，还是说成瘾已经是一种社会现象，用不用药物都已经无关紧要了。

逃避的代价：从短暂逃离到成瘾

萨米拉喝的饮料是一种迷幻药物，由含有某种精神活性成分的植物制成。它也是当今使用最广泛的迷幻药之一，尤其是在秘鲁和巴西等国家，这种药物是合法的，已经在萨满教仪式中使用了数千年。它也可以作为烟吸入，通常会导致一刻钟的迷幻之旅。迷幻之旅大约需要四个小时，速度稍慢，更容易控制。它的存在保障了亚马逊雨林旅游业的蓬勃发展，许多服用过它的人认为，迷幻之旅是一种重生。

在西班牙之行期间，萨米拉连续五天服用了这种药物。当她回到家后，觉得自己像变了一个人。并不是说她心情变愉悦了，或者说她突然就认识并理解周围发生的一切了；而是她不再持续思考头脑中的那些问题了，"如果……会怎样"的问题不再困扰她了。她与父亲重新取得了联系，父亲现在已经变老了，并为以前的事感到后悔。她比以前更难过了，但她很高兴，感觉释然了。

不过，第一天上班时她就又感到了焦虑。

"我发现自己过得更苦了。到处都是压力、政治、竞争、毫无意义的管理行为。我看着这一切，心想，让他们自己去玩这个游戏吧。"

但工作几天后，她又回到了这个游戏中。

迷幻之旅过去一个月后，她又想起了生活中那许许多多尚未解决的问题，例如自己还是孤苦伶仃一个人的事实。为什么会这样呢？

她说："感觉就像是那些消极的想法在大脑里挖出的裂痕又重新出现了。"

她又被阴影笼罩了。这种焦虑很快就变成了"情感电击"，她又被打回了原形。但现在她知道，在这股奔涌的思绪背后到底是什么，所谓的天堂唯有迷幻之旅。

在2010年之后，随着屏幕使用时间的爆炸式增长，"阿片危机"也同时在多个国家爆发且非常严重，造成美英等国家的平均预期寿命连续几年下降。阿片类药物作为强效止痛药进入市场，却引发了其他后果。

阿片类药物具有类似吗啡的作用，在镇静止痛方面有极好的效果。19世纪60年代，研究者进行了广泛的小白鼠实验，在实验中可以看到这种药物的作用强度。小白鼠体内被植入了一根导管，笼子中有个内置的开关，小白鼠能够触发开关将药物注射到血液中。有些小白鼠过于频繁地触发开关以致死亡。

这个实验证明了摄入此类药物后，有可能在某次中毒后死亡。如果健康快乐的人变成瘾君子,都会面临这个风险。

然而,鲜有人提到的是,这个实验是在斯金纳箱中进行的,那是一种小到老鼠几乎无法转身的笼子。在一项经典研究中,用新的条件再次重复该实验:一些小白鼠被关在一个更大的盒子里,这个盒子被叫作老鼠乐园。在老鼠乐园里,它们可以四处走动,可以与其他小白鼠接触。当它们走到某个位置时,可以喝加糖的吗啡或者水,小白鼠可以在两者之间自由选择。而另一组小白鼠被放置在箱中,同样可以在两种饮品之间自由选择。

当对比两组结果时,研究者发现,斯金纳箱中的小白鼠消耗的吗啡是老鼠乐园中小白鼠的近20倍。然后实验者对这个实验又做了一些调整,其中一些小白鼠先被关在斯金纳箱中喝了两个月的吗啡溶液,之后又被放在老鼠乐园里,这时它们也更倾向于选择水,而不是吗啡溶液。

这个实验引发了激烈的讨论:是什么让个体成瘾的?是药物还是环境?

美国阿片危机升级和智能手机成瘾升级之前不久,研究者在美国的成瘾者中进行了一项调查研究,包含近100项流行病学研究领域的成瘾行为,发现最常见的成瘾形式占总人口比例如下所示。

香烟:15%

酒精:10%

工作:10%

购物:6%

非法药物:5%

运动:3%

食物:2%

玩乐:2%

互联网：2%

性：2%

很多人对不止一种事情上瘾，所以不能简单地将百分比相加来获得所有人口中成瘾的人数。将这种重叠考虑进去，估计47%的人至少有一种成瘾行为。

如果我们将上瘾理解为一个人的生命被某种特定活动所消耗，而这种活动对他或周围的环境有害，就可以假设虽然药物上瘾是当今社会关注的重点，但在之前很多人就已经对某些事情成瘾了。成瘾的问题似乎与非法药物的相关性很小。

我们可能对工作、运动和性上瘾，重要的是我们上瘾的对象是什么。大多数喝酒的人不会上瘾，大多数服用止痛药的人也不会上瘾。哈佛大学心理学教授霍华德·谢弗（Howard Shaffer）研究了赌博成瘾，在他看来，不是"一个骰子导致人上瘾"的；同样的，"药物可以有如此强大的力量"这个说法也很奇怪。那为什么成瘾问题被如此迅速地集中在药物成瘾上呢？

药物所造成的成瘾程度各不相同。对于海洛因来说，到底是它所含的物质，还是它低廉的价格和快速的可得性，才最终导致它成为一种致命的药物呢？在一项轰动一时的研究中，两名哈佛临床心理学家记录了54例长期注射海洛因的人（从2岁至23岁），他们并没有发展出依赖该药物的习惯模式。这些非依赖性吸毒者会定期吸毒，但不是自我毁灭式的，他们没有把吸毒置于工作和社交生活之上。将他们与其他成瘾者区别开来的，不是获得海洛因的难易程度，而是他们吸食海洛因的生活环境。

海洛因的确是一种有害的物质，这样的研究也并不是要否认海洛因作为一种毒品的属性，而是要调查该药物的"药理作用"在成瘾的原因中占比多少。根据加拿大心理学家布鲁斯·亚历山大（Bruce Alexander）（曾参与上述"老鼠乐园实验")的说法,老派的成瘾研究所存在的问题是,侧重于药物和个体,而忽视了社会因素的重要性。根据亚历山大的分析,经历被排斥、空虚、孤独或压迫的人越来越多,因此成瘾问题变得越来越普遍。但是,正因为经历了这些感受的人越来越多,所以我们必须关注全球范围内成瘾人数加剧的问题。

如果你问那些老派科学家,为什么有那么多人都在锻炼、性交、吃喝,但不会上瘾,他们给出的答案通常是:有些人的意志力天生比其他人更脆弱。尽管研究者对人类基因组进行了数十年的调查和记录,但仍不清楚哪些基因造成了这种脆弱,但人们还是相信总有一天它们会被找到。

例如,成瘾研究的一个分支涉及美洲原住民对酗酒的遗传易感性。在美国原住民中,酒精成瘾的概率在统计上明显偏高,因此人们觉得是他们基因的问题。然而,亚历山大表示,在这些原住民中,所有类型的成瘾发生概率都偏高。这是否意味着他们更容易对所有类型的药物成瘾,因为易成瘾的基因?

历史发展趋势表明,实际情况并非如此。在欧洲殖民者到来并摧毁他们的社会之前,美洲原住民似乎根本没有什么成瘾的问题。并不是说他们在那之前正处于黄金时期,而是有足够的历史证据表明:在残酷的战争期间,酷刑肆虐,人们互相残杀,这时人们的平均预期寿命就很低;另一方面,也没有任何历史记录可以表明,成瘾是一种普遍现象。

这不是因为当时缺乏药物。因努人是来自加拿大魁北克省北部的一个民族,几个世纪以来一直与欧洲进行威士忌交易,他们带着驯鹿像游牧民族一样生活,有足够的资源购买自己需要的东西,但即便如此,他们也没有上瘾。南美洲土著人也没有前殖民时期酒精成瘾问题的记录,他们自己在很久以前(被殖民前)就开始生产酒精饮料。

即使追溯到更古老的欧洲历史,也很少有关于酒精成瘾的记录。哲学和宗教中经常讨论酒精是好是坏的问题，中世纪时酗酒和喝到烂醉的行为会被严厉批判，因为它们会引起社会问题。那时过量饮酒被视为道德问题，被认为是沉迷于被谴责的事。

直到18世纪，工业化时期的英国人过度消费杜松子酒，英国人的成瘾问题才开始突出。与此同时，英国医生开始对神经过敏惊人的蔓延速度发出了警告。

也许遗传上的倾向性和药物上的吸引力都是导致我们成瘾的因素，这是不可否认的，但也必须考虑其他因素。

我们今天常使用一些惯用语来形容上瘾，比如"填补我们内心的空白"。从这句话里我们就看到了问题的核心，但这种空虚是如何产生的呢？除非是药物引起的空虚，否则摆脱药物也不太可能解决问题。

亚历山大从事吸毒者临床治疗工作已经40多年，他认为如果不解决掉导致成瘾的根本内因，那么在戒毒诊所投入多少资源都是徒劳的，无法起到多大的改善作用。

"那些既没有触犯法律禁令，又不违反医学道德的方法，比如医疗科学、精神分析、匿名戒酒协会、咨询、用爱共情、用深沉的爱感化、行为疗法、针灸、个案管理、环境治疗法、民事措施、亚洲的冥想练习、行为遗传学、神经科学、定向广告、药物阻断剂、迷幻药物、励志谈话、社区强化训练、治疗匹配、降低伤害等，或者综合使用以上这些方式，都可以有效控制酒精成瘾或其他一些成瘾。"这些方法帮助了一些人，但很难说哪些方式适合哪些人，这一点在所有的精神治疗中都是一样的。

治疗悖论：接受心理治疗比不治疗更糟糕吗

离婚后，萨米拉想要抓住每一根救命稻草。她遇到了一位认知行为治疗师，虽然她比萨米拉小一点，但看上去很严肃。

萨米拉讲了她的西班牙之旅，这位年轻女子对此没有任何反应。萨米拉在仪式后感受到了巨大的温暖这一点，也没有给她带来任何波澜，她只是机械地眨了眨蓝眼睛。她轻微地皱了皱眉，那种表情被萨米拉理解为愤怒，除此之外她的脸上再无其他表情。

"既然效果那么好，你为什么不继续做呢？"女心理师问道。

这应该是个酸溜溜的评论，或者是讽刺。萨米拉在谈到西班牙之旅前也曾谈到过自己的童年、逃难、贫穷、内疚和羞耻，这些都没有给女心理师留下任何印象。女心理师唯一觉得重要的是，萨米拉应该改变她的行为。沮丧的感觉充斥了整个房间，如果萨米拉忘记她布置的任务，没有按照要求填写日程本，不记录自己焦虑的感受，不记录焦虑引起的后果和她对焦虑的反应，那要怎样才能纠正她的想法呢？

"我想我帮不了你。"女心理师说。

"您的意思是？"萨米拉问道。

"我想我们没办法再进行下去了。"

当萨米拉离开时，她仍然不确定女心理师的建议是不是在暗示她要继续使用迷幻疗法。在回家的火车上，她拿出智能手机在谷歌上搜索了"秘鲁"。

在临床心理学领域，迷幻疗法的兴起意味着心理治疗的失败，甚至有人开始谈论心理治疗的危机。

这种声音尚未广泛传播，因为心理治疗的需求很大，但能够提供心理治疗的场所却很少。精神病学面临压力，而临床心理学家通常只是灭火——解决那些最严重的问题。在这种紧张的供求关系下，只从治疗方法层面探讨心理治疗是否真的有效，似乎是不合适的。

心理学家们在这个问题上仍然存在争论。2015年，心理学研究的"可重复性危机"震撼了整个心理学界。在一项元分析中，270名相关科学家对1000项被引用最多的心理学实验研究进行了检查，以确认其可重复性。实验的基本思想是，重复做会产生相同的结果。但到目前为止，这一点尚未被证实，当科学家们重复心理学实验时，其结果几乎是毁灭性的：在统计比例上，十次重复实验中只有四次的结果是相同的。

重复实验不属于临床心理学范畴，而是属于社会心理学。但也促使人们围绕着方法论缺陷展开了激烈的争论，例如，实验小组太小、参与者组成不平衡、对退出研究的参与者控制不足、随机化不足（测试对象被随机分配到某些组）以及对长期影响的关注太少。

关于药物疗效的评价，还有一个问题备受争议。没有产生积极结果的研究通常会在"档案"中结束，不被公开。这样会造成发表性偏差，使我们只能阅读到那些关于有效治疗的研究。

临床心理学界直到最近才意识到这个问题。一项对美国国立卫生研究院资助的55个研究项目的元分析中，科学家们要求从其中的13个未发表的研究项目中获取数据，然后导致心理治疗的有效性共下降了25%。突然之间，"心理治疗比与医生交谈更有效"这个观点就变得没那么可信了。

心理学家保罗·莫洛尼（Paul Moloney）从此类研究中得出结论，他们认为那些剩余的微弱疗效，可以归功于想象力："几乎没有理由可以相信，心理治疗的效果大于安慰剂带来的效应。"

除了高深的实验研究领域，还有一个现象值得注意：在治疗心理问题方面投入了大量资金的西方国家，也是心理问题发生最多的国家。我们会发现，在身体健康方面低工资和高工资国家的平均预期寿命存在20多年的差异；然而，一个国家在心理健康方面的投入，对其整体的心理健康状况没有任何影响。

有些人甚至声称心理治疗会对我们的健康产生负面影响，但这些影响在实验研究中是看不到的，因为研究中使用的疗法可能与现实中精神病治疗时所用疗法不同。如果对那些现实中的心理治疗形式进行衡量，其有效性是怎样的呢？

德国的一项研究比较了两个不同时间段的调查问卷结果，该研究的目的是找出受访者的幸福感在不同时期会发生怎样的变化。他们先进行了一场问卷调查，并挑出同时选择对关键字"抑郁"打出高分并对关键字"生活满意度"打出低分的5000名参与者。四年后，这些参与者被要求再次填写问卷，并将四年中接受过心理治疗的人和没有接受过心理治疗的人进行比较。事实证明，那些接受过治疗的人情况变得更糟了。但在大多数心理治疗的实验研究中，结果都是积极的，这一点令人惊讶。其中有很多因素值得考虑。德国这项研究的组织者提出了一个假设，即现实中的心理治疗比实验研究中的心理治疗更糟糕。

关于心理治疗有效性的讨论，以及越来越多接受了心理治疗但情况却更糟糕的事实，已经到了不得不开发新心理治疗形式的地步。使用迷幻剂进行心理治疗是目前争议最大的治疗方法之一。19世纪60年代，迷幻剂的实验性治疗测试受到了广泛的抨击，在那之后，迷幻剂疗法不得不忍受多年的耻辱，40年来勉强维持，很不起眼。但现在，越来越多的资金开始流向了迷幻剂疗法。

到目前为止，迷幻制剂已与谈话疗法相结合被用于治疗焦虑症、强迫症、抑郁症、酒精和烟草成瘾，并取得了积极的效果。没有人认为这种方法不适用于新的心理治疗研究。使迷幻治疗法脱颖而出的原因是，它不仅仅致力于治愈症状，还承诺会复魅（相对于祛魅的说法），允许宗教的因素和超自我的意识在其中存在。

迷幻药有时被称为致幻剂，但那些刚刚经历过迷幻高潮的人通常不认同"迷幻"这一点，他们觉得迷幻旅途中的世界看起来更真实。持这种说法的人，通常进行了某种超自然的接触，有了一种被未知的事情所引导的感觉。

迷幻体验会如何影响我们，目前尚不清楚。一些研究人员强调了神经系统的变化，如加速的血流、电流活动和大脑的重塑，而另一些人则强调更多的神秘成分。美国精神病学家罗兰·格里菲斯（Roland Griffith）在约翰·霍普金斯医院对垂死的癌症患者进行了早期的裸盖菇素实验，他在好几次采访中都提到，迷幻药的作用不仅仅是重启大脑的开关，也许这些药物还会让人感受到死后的生活。

"西方唯物主义对死亡的描述是基于'灯灭了，一切都结束了'的假设。然而，对死亡的描述还有很多其他的方式，死亡也可能是一个新的开始。"

在这一点上，格里菲斯的话非常直接坦率；相比之下，他的许多同僚都坚持只使用纯粹的科学词汇来描述这件事。许多体验报告也印证了他的观点，迷幻之旅可以被描述为：短暂地沉浸在一个比生命更广阔的世界中。

迈克尔·波伦（Michael Pollan）认为，从现象学上讲，这些经历令人深深折服，以至于他坚信在迷幻之旅中有一些我们不了解的奥秘。

我们的思绪会在这个奥秘面前沉寂，哪怕只是沉寂一阵子。

危险的失控：是治愈还是致命诱惑

萨米拉在秘鲁总共经历了九次迷幻之旅，每次重新回到家时，她都觉得自己变成了另一个人。这一次效果持续的时间更长，甚至持续了几个星期，然后她又无法避免地恢复了老样子，大脑再次围绕着"别人如何看待她"以及"自己想要怎样的生活"这两个问题不停地思考，由此导致的抑郁和焦虑又回来了。

迷幻药拥护者通常声称人们不会上瘾。但伴随着对死亡的焦虑和恐慌的"恐怖旅行"也可能会出现，是经常被提及的危险之一。迷幻旅行可不是闹着玩的，即使是迷幻药拥护者，大多数人一年也只能进行一两次迷幻旅行。

萨米拉旅行的频率明显偏高，无论是从地理上还是从情感意义上讲。她飞往西班牙共计 20 次，每次都会经历三到五次迷幻旅行，她不想再数下去了。

她说每次都遵循同一个模式。"每次我飞往那里时，都带着人生的苦涩和愤懑；然后当我回来时，我感受到了爱。迷幻之旅帮助我打破了思维模式。"

"你觉得自己对旅行上瘾了吗？"我问她。

"这取决于你对上瘾的理解。我不是孤立自己，我也不是不能工作。我也没有感觉到任何身体戒断症状。但有时我有一种感觉，我在迷幻之旅中逃离了。与许多沉迷在其中的人不同，我更喜欢旅行之后的安静与和解。"

萨米拉并不像其他人那样将迷幻旅行视为一种对现实的逃避。如果她在工作期间需要定期旅行，她将失去工作，这是她必须认真考虑的风险。她的同事都认为她很认真负责，尤其是她从不喝酒，也不使用社交媒体，但她自己只把这些当成一种麻木的逃避现实的方式。每一次迷幻之旅后她都觉得自己得到了新的升华，如果她没有发现这种迷幻物质，可能就已经无法继续工作了。

在迷幻圈里的这些年里,她遇到了几个精神绕过的例子[①]:那些在新时代拥有开明思想的人,却在面对事情本身时无法做到开明。但她说,这也是一种可以在冥想者身上观察到的现象,在医生身上也能观察到。

当你回到这个世界时,世界就掌握在你自己手中。大约一到三周内你会处于这个阶段,在此期间你会意识到改变是多么重要,但只有你自己能够改变自己。

"你这样做吗?"

"我做得不好。有一些事情我能控制得很好,比如安排工作或节食,我没有任何问题;我很能理解别人,也不容易生气。我有这些能力,但我不认为自己能将所有该做的事都做好。"

萨米拉的野心远远超出了正常范围。虽然她的人生起点并不理想,但现在她是成功人士的典范:综合能力强,非常努力,有一份公认的好工作。但她缺少生命中最重要的东西,那是什么呢?

"有时我希望有人能狠狠地给我一拳,那样我就会有感觉。我只想去感觉,去理解。我必须停止思考,那是我的问题。这就是我想尝试某些药物的原因,因为使用它们你会完全失去控制。"

迷幻研究带来了一种新的可能:治疗焦虑症和抑郁症并不是那么困难,对于同一个人来说,它们可以一次又一次地被"治愈"。

英国精神病学家罗宾·卡哈特-哈里斯(Robin Carhart-Harris)在他的裸盖菇素实验中多次观察到这种情况。在一个案例中,一名旅馆女接待员就体验到了强烈的新生般的感受:突然之间,她觉得物质不再重要了,所有人都一样,地位的差异只是一个空壳。但重返工作岗位后,她不得不

[①] 精神绕过是一种使用灵性来消除不愉快情绪和保护自我的防御机制。——译者注

重新屈服于现实，重新面对那里的标准——只有物质才是最重要的，每个人都是不同的，身份地位的差异非常明显。于是，她的抑郁症很快又发作了。

对于很多致幻药的使用，目前还没有已知的副作用，或者引发其他身体疾病的证据，但这些致幻药的前途并不明朗，是否能投入使用是个很大的难题。探讨这个难题，比讨论迷幻药是不是一个好的治疗方式更加重要，这也表明在我们的社会中一个人想要停止思考是多么困难，正如萨米拉所说的那样。

记者迈克尔·波伦在他的迷幻药系列报告中说到，感觉大多数人即使在使用迷幻药几十年后还是失败了，他们仍在谈论下一次迷幻旅行，谈论要使用哪种致幻物质，要使用多大的剂量。这样的描述让人不禁联想起百忧解刚推出时的广告语——"吃上一片，你会更好"，但现在它却成了一个又苦又甜的"新时代印记"。

波伦认为，迷幻药的追随者之所以坚决为迷幻药治疗的有效性进行辩护，其中一个原因是这是毒品合法化的第一步。这个策略首先强调医疗需求，就像加拿大和美国一些州的大麻合法化一样。

然而，如果将迷幻药用作治疗，最关键的一个问题是，它是否能够满足构建和谐社会的要求。

萨满修行的目的不是让人们能够忍受工作与家庭之间两点一线的生活，即使在20世纪50年代到60年代的第一波迷幻治疗浪潮中，这也不是主要的目的。某些迷幻药在20世纪60年代的反主流文化中如此重要，更多是由于萨米拉和其他一些人需要在清晰的现实和深度的思考之间进行转换。工业资本主义的价值观，与人们通过迷幻剂看穿现实的价值观背道而驰。临床心理学家蒂莫西·利里（Timothy Leary）是哈佛大学最早尝试使用裸盖菇素的人之一，他的主张如此激进，以至于理查德·尼克松称他为"美国最危险的人"。

"激发热情，向内探索，脱离体制"（Turn on, tune in, drop out）是利里向全世界传达的口号。拉姆·达斯（Ram Dass）、艾伦·金斯伯格（Allen Ginsberg）和其他一些20世纪60年代反文化运动的"心理医生"们想要取得更高的社会影响力和更多的成就，只有这样他们才能向全世界表明这个结论是合乎逻辑的：整个社会都亟需一场迷幻之旅。

把注意力放在头脑以外的东西上不一定是坏事。在许多情况下，分心可能比对担忧的思考更好。但即使是最伟大的启示也无法改变这样一个事实：我们生活在一个被迫面对各种危险和选择的社会中，即使我们距离这些危险和选择尚且遥远，担忧依然存在，挥之不去。本章讨论了减少担忧的几种方法，接下来我们将讨论如何在生活中与担忧和平共处。

第 11 章
与担忧共存

为了写这本书而计划的少数几场采访，其中一个是在教堂前进行的，当时该教堂正在举行管风琴音乐会。我无法使用一个单独的房间来进行采访，因为那样的话接受采访的人可能会与我分享太多他们的痛苦想法。但桑妮想要在教堂里见我。她快 70 岁了，我看到了她小小的眼镜片后面友善的眼神。我们进入教堂，管风琴的音乐在高高的拱顶中回荡。在侧廊的尽头我们找到了一个安静的地方，在那里我们不必大声交谈就可以听到对方讲话。

在此之前，我对桑妮的了解仅限于她被诊断为广泛性焦虑症。我们谈话时，管风琴的演奏曲并不成调，但在她的故事中作为背景音乐，效果却出奇地好。

她的问题从上学的时候就开始了，学校评估和分数都给她带来了太大的压力。她开始焦虑，害怕自己被拆穿，但她却不知道自己隐藏了什么才害怕被拆穿，那仅仅是种随时可能被看穿的感觉。她极其害怕在别人面前说话，如果要做课堂报告，她提前很久就开始迷失在混乱的思考中，甚至会感到头晕目眩。当她站在同学们的面前被大家注视时，她的惊恐几乎要发作了。直到成年，她才被诊断出患有焦虑症，于是被迫放弃了学业和工作。她发现自己开始做白日梦了。

"我不是在沉思,就是在做白日梦。我可以沉迷于很多白日梦中,看着梦中发生的事情并寻找它们的模式。当我坐下来做白日梦时,半天的时间或整个星期日很快就会过去。然后我醒来环顾四周,很惊讶时间已经这么晚了。"

排队等待这件事对桑妮来说一点都不难忍受,她会沉浸在自己的想法中,时间过得飞快。但缺点是,思考一旦打开就无法关闭。

"大多数时候,我的思绪在'我可以做些什么不一样的事情吗'和'反思实际上发生过的事情'之间徘徊。我会沉浸在一个虚幻的世界中,几乎忘记了现实。我现在在做梦吗?感觉时间都变慢了,什么也做不了,什么都不重要,我完全就是这个状态。如果没有这些思考,那么我是谁?如果没有这些思考,那么我是真实存在的人吗?

她一边说,一边看着空荡荡的长凳。她在一个严重孤独症患者集中住宿诊疗的地方工作时接受了这种诊断。她的一个已经成年的儿子状况很差,她太担心他了,为此感到筋疲力尽。"过度担心"是广泛性焦虑症中最常见的症状描述,因此她的心理医生将她诊断为这个结果。但她的担心是否被夸大了?

此后不久,她的儿子患上了严重的抑郁症,他开始自己吃药。桑妮成了一个过度保护孩子的母亲,她帮助儿子一起了解精神病学,想时刻陪伴在他左右。她不只是为了确认儿子没事,他们俩都很享受呆在一起的时光,还会一起探讨哲学问题。

"当人们有了孩子后,总是会为未来做很多考虑,并希望一切都要在自己的控制之下,"她说,"人们可以相信爱是一种保护,但许多想象中的美好却不会实现。让人感到不舒服的并不是缺爱,爱是一种自然的本能,但还有很多其他的东西也发挥着作用。"

当她的儿子失踪时,她当天晚上就报警了。种种迹象表明他是自愿失踪的，警方表示无能为力。桑妮不知道该怎么办。

"我知道我不可能找到他，那像大海捞针一样难。但我可以作梦，梦中我总能找到他。"

在教堂的另一边，管风琴的音乐节奏正变得越来越杂乱，令人感到了一种压迫般的不和谐，就好像是风琴师听到了我们的谈话并感到不安。毕竟这不是面谈的好地方，但桑妮似乎完全没有注意到这咄咄逼人的背景噪音。

"我不想做最坏的考虑，当有人敲门时，我总以为是他，但同时我也已经知道了，门外并不是他。在白日梦中，我总是再次迈出脚步从大厅走到门口。我不断重复这个走去开门的过程，这改变了一切。"

时至今日，仍然不清楚桑妮的儿子是服药过量而死亡还是因意外而死亡。她的朋友们总是和她推断说是发生了意外。

突然，整个世界都黯淡了。一时间她的头脑里除了惊恐的感觉，什么都没有了。直到今天，她仍然会在购物时突然停下来环顾四周，惊讶地发现一切都没有改变。

世界是否在继续转动？这怎么可能？感觉就像生活在一个黑色的梦中。

当儿子的死讯传来后，她长期的担忧突然就减轻了，毕竟最糟糕的事情已经发生了，浓浓的悲伤掩盖了她的焦虑。然后，焦虑的想法又回来了，但这时，她不再为那些未来可能发生的"反事实"事件而感到焦虑，大脑被另一种"反事实"占据了：如果当初她采取了不同的行动会怎样。

"这就像一种强迫症。我没有办法停止想念他，感觉那样会让他失望。这是一种奇怪的方式，是我对已经消逝的东西的执念。人们知道自己在哪里，就停留在自己熟悉的地方。"

管风琴终于静了下来，突然间教堂里仿佛只剩下我们两个。我表达了对她的理解：她的大脑中确实有很多事情需要处理。

桑妮继续盯着那一排排长椅，我感觉她早就受够了这种空洞安慰。

"沉思不仅仅是关于他，"她说，"我也有美好的回忆，但它们都被已发生的不幸所掩盖。我知道放任担忧的情绪泛滥，对我、对其他人都没有任何帮助。"

最近，桑妮的二儿子决定作为人肉盾牌参加国外的抗议活动。她有一种大祸临头的感觉，如千军万马般向她的大脑袭来。她的脑袋里嗡嗡作响，几乎无法入睡。尽管如此，她还是允许他去了，她用尽全力控制着想要扭转儿子决定的念头。他可能会死在那里，那种危险总是存在的，她知道。

"但我认为，这是爱的代价。"

我们都是焦虑的一部分：从个人到社会的集体困境

桑妮失去了很多。先是一些微小的，广泛意义上的正常损失；然后她失去了一个孩子，毫无疑问这是巨大的损失。桑妮的担忧很令人吃惊吗？因为她过度担心和焦虑所作出的诊断是否适合她？

桑妮自己认为，担忧没有帮助，她更希望能活在当下，不要被思绪所困，从这个意义上说她的担忧确实被夸大了；但是，一开始她总担心儿子可能会遭遇不幸，这件事最后成了事实，可不是一场梦。

精神病学领域也在反复论证这个问题：即使患者有很严重的担忧，用对患者所处的情况进行判断来代替对个人的诊断，不是会更好吗？

对于桑妮来说，她的担忧不仅存在于自己的脑海中，它至少影响到另一个人——她压抑的儿子，而且两人还处于同一个社会背景下。对他们的情况要进行更全面的分析，要考虑到他们生活的历史背景、主要的家庭生活模式、父母责任分工的方式，以及他们所在的家庭和社会环境是如何对待有毒品问题的人、有心理健康问题的人以及失业者。还要考虑我在本书中提及的已经经历了长期发展的时间意识、祛魅和风险分析。

在这种对个人所处情况的分析下，"广泛性焦虑症"这个概念将是各种复杂的因素相互作用的结果，最终导致一个人非常担忧。有一些精神病学家主张所有的诊断都要结合具体的情况进行，因为精神疾病不是凭空出现的，我们应该放弃"精神疾病"这个概念。

精神疾病是否应该作为一个有效的疾病类目，这至今仍是精神病学界争论的核心。自20世纪50年代以来一直如此，当时匈牙利裔美国精神病学家托马斯·萨兹（Thomas Szasz）首次对"精神疾病"的说法提出了反对。他去世前一年我见到了他，他那时已经91岁了，身体很好。他在论文中重复了不下五次："没有精神疾病这种东西。"

他的其中一个论点是要关注心理功能。我们知道健康的心脏、甲状腺或小肠是如何工作的，但这不适用于人类的心理。若将人类的行为判定为功能失调，那就不能脱离实际情况和社会环境。如果我们仅将功能性理解为对社会结构的适应，就会出现一个问题：这种适应是否在所有情况下都是积极的。

萨兹说，面对如此大的疑问，让人们相信他们有精神病，这是在伤害他们。因为患有精神疾病的想法会引发以下问题：我们的抑郁症使我们感到抑郁，我们的强迫症让自己总是有强迫性想法，我们的焦虑症让我们总是感到恐惧和焦虑，我们的恐慌症让我们感到恐慌。根据萨兹的说法，精神病学促使了这些问题的发生，而这些问题本应由它解决。

尽管萨兹提出了以上批评，但他本人还是一名精神分析师，他也不想与所谓的"抵抗精神病理学"的字眼联系在一起,对他来说最重要的是帮助有需要的人们。如何帮助人们呢?如果没有精神疾病,心理治疗师如何为人们提供真正的帮助呢?

当我问起这个时,他说:"我帮助有问题的人。"

"心理健康问题"是我在本书中坚持使用的术语。"有精神病"和"有问题"是有区别的。如果认为一个人患有精神病,那么必然需要修复他内心的某些东西他才能康复,这与试图不去想北极熊一样,是不可能的。如果与疾病相关的某个单一的念头或感受渗透到我们的意识中,我们就又要被打回原形并重新开始——我们仍然在"生病"。这样的话,人会陷入恶性循环中——对抑郁症感到抑郁,想要打破这个恶性循环,首先要真正告别"精神疾病"的想法。

如果我们真的能够成功地告别"精神疾病"这个概念,就意味着要告别所有相关的语言文本,如障碍、综合征、疾病和神经症这类术语,其后果也将是严重的。如果没有精神疾病的概念,就很难对有问题的人进行治疗,没有办法为他们提供良好的帮助并让他们过上美好的生活。历史上,有一些反"精神病"的实例。

自13世纪以来,比利时城市吉尔一直在照顾那些从裂缝中坠落的人。模式也很简单:让有心理健康问题的人与不知道他们患有精神病的家庭住在一起。这个做法的初衷是,不要像对待病人一样对待这些人,而是让他们像所有其他家庭成员一样正常地生活和行动。吉尔模型在很长一段时间里都深受关注,1845年,法国精神病学家雅克-约瑟夫·莫罗(Jacques-Joseph Moreau)写道,吉尔是少数几个让被监禁治疗的病人"没有完全失去作为理性人的尊严"的地方之一。

在精神病学的历史上还有过更多颠覆性的尝试,不以精神病治疗手段来为有问题的人提供帮助。20世纪60年代,苏格兰精神病学家隆纳·大卫·连恩（Ronald David Laing）在伦敦金斯利大厅开设了治愈之家，在那里工作人员与精神分裂症患者居住在一起。在拍摄的纪录片中，观看者很难分辨谁是精神分裂症患者。该治疗之家的目标是摒弃精神病学上的分类，并停止所有的精神病学疗法，尤其是药物治疗和电击疗法，取而代之的是共同服用迷幻剂。

同一时期，精神病学家沃尔夫冈·胡贝尔（Wolfgang Huber）在德国领导了一项更具有冲击性的实验——他创立了社会主义患者集体。该团体的基本思想是，被诊断出患有精神分裂症的人，应该去抵抗让他们遭受苦难的资本主义。

"把疾病变成武器"是其座右铭，最终成了代表社会主义患者集体的宣传小册子的名字。在这本书的前言中，甚至让-保罗·萨特也为之作证说，精神疾病的想法"不可避免地与资本主义制度相关联，因为资本主义制度将一切都视为商品，将工薪阶层视为物品"。

但将"疾病"变成武器究竟是何用意，到现在仍未可知。该团体不断壮大并变得激进，其成员被禁止进入海德堡大学校园，胡贝尔也在实验开始一年后被捕。该集体的一些患者成员开始转而支持巴德尔－迈因霍夫（Baader-Meinhoff）集团，并于1975年参与了对瑞典驻西德大使馆的占领。齐格弗里德·豪斯纳（Siegfried Hausner）死于意外引爆的炸弹，他是社会主义患者集体的首批成员之一。

由此可以看出一个模式：当精神痛苦是一种疾病的想法被抵制时，就会产生治疗方式上的问题。"我们到底该怎么办"仍然是未解之谜。

在20世纪60年代发生了这些冒险的实验后，这个争论稍稍平息了。即使在精神病学更深层的研究领域，例如目前对迷幻药的研究，其重点也放在有效性和社会适应性上：确保病人快速好转，至少让他们能够继续工作。

几年前，这个讨论又被重新点燃了。多位心理学家再次质疑"健康的医生治疗生病的患者"这个模式是否还值得追求。这一次，批评的声音不是来自想要推翻资本主义制度的社会主义者，而是来自那些对佛教思想和冥想感兴趣的认知行为治疗师。他们对如何处理心理问题的回答更加复杂。

与焦虑和解：接受当下的状态，放下对抗的力量

斯蒂芬·C.海斯（Steven C. Hayes）在30岁时就成了临床心理学讲师，他在采访中经常提到自己第一次惊恐发作的经历：他在自己学院的一次会议上举手发言，但正当他要开口时，嘴里却无法发出任何声音，在15秒的沉默和惊讶后，他还是一句话也说不出来，只好离开了会议房间。他感到震惊，并怀疑这就是恐慌症的开始。

作为一名心理学家，海斯自己非常了解恐慌症的治疗方法，并尝试了一切可能的方法来康复。但在接下来的两年里，他的恐慌情绪继续加剧。他躲开所有可能引发焦虑情绪的情形，让博士生代他教课，或者只放一部电影就离开教室。有一段时间他还产生了强迫性想法，例如，想象自己"像扔飞盘一样"把刚出生的儿子扔出窗外，并"看看他能被扔多远"。放松技巧、镇静剂、饮酒、幽默以及暴露疗法，这些方式对他来说都无济于事。

"问题是，"他说，"我的思想传达给自己的基本信息是有毒的：焦虑是我必须对抗的敌人。"

今天，海斯被认为是ACT疗法（acceptance and commitment therapy）的创始人，该疗法越来越受欢迎。ACT代表"接受-承诺疗法"，它属于第三波认知行为疗法，其特点是不对任何人承诺可以治愈。

海斯研究了自己的恐慌综合征，并发现越是试图摆脱它，焦虑就越多。即使我们在行为治疗当中面对它时，也会产生北极熊效应，因为最终的目标是摆脱焦虑。因此，真正的面对意味着我们必须学会接受焦虑。

与萨兹相比，海斯的方法争议较小。像其他行为治疗师一样，他在对照实验中尝试了自己的治疗方法，并始终在心理学的框架内行动。尽管如此，他在描述自己的观点时联想到萨兹："心理健康的真相是，我们谈论的那些精神疾病，其引发原因是未知的，而'隐藏的疾病'却藏在人们所蒙受的痛苦背后，这样的状况是一场绝对的失败。"

今天，这类观点的争论已经不像过去那样激烈了。在某种程度上，行为治疗的核心是依托已知的"行为"和"思想"层面的内容。迄今为止，无论是基因鉴定，还是生物神经研究，都未发现能够导致精神病的相关因素，这一事实更加强调了批评的重要性。海斯和许多其他的专家，包括《精神障碍诊断和统计手册》第四版的共同编辑艾伦·弗朗西斯（Allen Frances）都认为，尽管100年来研究资金充足，技术也日益先进，但人们都未能利用技术来发现任何一种精神疾病。除了少数明显的神经系统疾病外，精神病学诊断依据仍然是对各种行为的描述。迄今为止，无论是血液样本还是脑成像，都无法利用某些近似信息来判断某个人患有某种精神疾病。

当海斯试图向病人解释"接受"的治疗方法时，他自己已经明白，痛苦经历是不可避免的，那是属于生活的一部分。因为它们不可避免，所以接受是唯一的方式。

但"接受"是什么意思呢？我们必须接受任何让我们承受打击的痛苦吗？

这个接受的概念可以解释为用激进的练习来适应社会。海斯批评了让人不适的社会因素，尤其是他工作的精神病学领域，但他对整个社会的分析并没有特别深入。然而，大众对这个"接受"的理解往往是"防止人们表达自己的不满"。在一项研究中，为英国卫生系统员工举办的 ACT 研讨会，几乎变成了"接受那些无法接受的工作条件"的意识形态练习。

几乎所有的"接受"派理论传授者都在强调，接受不应该被理解为对世界上各种状况的屈服。接受是让思想、感觉和印象都成为它们原本的样子，它们不应该被中和。源自佛教的基本论点是，"我们"既不是我们的思想，也不是我们的感受，我们的思想根据我们无法控制的印象和经验而移动，我们只控制我们的行为。因此，要做我们想做的事，对"价值目标"采取行动的能力仍然是最重要的。

例如，桑尼本可以选择禁止她二儿子参加抗议活动。她可以利用他的内疚感，可以说她无法忍受失去另一个孩子。即使她做了这些他还是走了，她也可以安慰自己，自己已经做了力所能及的事情。她本可以遏制自己的担忧，但她却没有这样做，她接受了这些担忧的到来，没有干涉儿子的决定。她的价值目标是保护儿子的自主权，她认为这才是自己该做的事情。

"每天都要杀死自己一遍。"海斯的这个建议有点尖锐。该理论认为，经过足够的努力，我们终会放下自己脑海中那个对自我进行思考的声音，当担忧不再需要被克服，它们就会停止。因此，接受我们的情绪状态将使我们变得更好。

接受不确定性：无法掌控，那就顺其自然

如果我们为了摆脱担忧而去接受它，我们是否能真正接受它？

接受不安全感作为一种古老的疗愈方式，被世界上所有宗教人士使用过。如果将其用于心理治疗，它就会被迫进入一个新的语境。治疗的目的

是让人们摆脱问题，这导致了海斯和其他人在传统行为疗法中看到的那种"无法不去想北极熊"的问题。

如果桑妮因为非常担心失去儿子而接受了传统的行为治疗，那么该治疗将集中在两个方面：一方面，她应该记录那些会引起她焦虑的情况；另一方面，她应该一步一步地将自己暴露在焦虑中，并时常记起儿子有出事的可能。

这种面对有助于人们习惯思考某种危险，一旦习惯了，这种思考就不那么有威胁性了。通过积极地让自己暴露在焦虑中可以减少焦虑。

海斯和其他暴露疗法的批评者认为，摆脱焦虑的目标损害了暴露疗法的效果。如果桑妮为了摆脱焦虑而使自己暴露在焦虑中，她就会意识到焦虑是她的敌人，这将阻止她真正地将自己暴露在焦虑之下。

同样的反对意见也可以用来反对接受疗法。当桑妮试图接受她的焦虑从而摆脱困扰时，她实际上并没有接受它。她可以思考"我接受我的想法和我的感受，包括焦虑"，并进行各种思维练习。但接受并不是要以某种方式去思考，而是要与思考拉开距离，并切实地看到，印象、感受和思想的流动都无法塑造"我们是谁"这个问题。

这就是心理治疗的目的，减少焦虑，接受焦虑。这个目的决定了第一次心理治疗谈话的方向，并在此基础上对心理治疗进行评估，以进一步"明确"治疗方向。

在宗教和哲学中存在着对不确定性的肯定，它们认为接受的主要目的不是为了减少焦虑，或使我们得到治愈；而应该让我们看到世界的本来面目：从根本上来说世界就是不安全的。

当我们担心和害怕时，就会体验到不安全感。这种不安全感不仅仅是关于无尽的危险、关于出现问题的可能性，它还延伸到个人存在的最底层，是对自己和环境之间关系的深层次思考。接受不确定性是有价值的，因为我们在不确定性中更接近真相。

这种态度在佛教中尤为明显，它不仅肯定对不安全感的接受，还肯定对世间苦难的接受。从佛教的视角来看，接受是一种对认知的实践，正如佛在第一次布道中所说的那样："生是苦，老是苦，病是苦，死是苦，爱别离苦，怨憎会苦，求不得苦。"简而言之，痛苦是生活的一部分。

在同一篇布道中，佛还强调了另外两个存在特征，与人们关心的担忧有关：一个是无我，即没有永恒的自我；另一个是无常，即世事无常，都是在不断变化中。

无常超越了思想世界，是一个难以理解的关于存在的特征，意思是大多数事物都是短暂存在的。无常不只是关乎我们内心深处所有暂时性的想法，还关乎万物，一切都是瞬息万变的。蜡烛的火焰在闪烁中伸长收缩，不断跳跃，但抽象的思想让我们觉得它看起来是恒定的。只有当我们从自己的思想中跳出来，从我们自己对世界的认知中分离出来时，我们才能感觉到它的无常。

这是一个深奥的目标，就像一条贯穿各种哲学和神秘传统的红线。在西方哲学领域，赫拉克利特寓言中提到，人不能两次踏入同一条河流。在《苏格拉底的申辩》中，柏拉图在他的第一个对话录中描述了苏格拉底如何在自己的不确定性哲学审判中为自己辩护。苏格拉底确信人类存在不确定性，并认为人们通过理性能够加深这种不确定性。

苏格拉底在演讲中还阐述了这个观点：智慧不在于知道一系列事实和观点，而在于知道自己一无所知。我们今天在学校中都会学到他的这句名言。知识本身并不是毫无意义的，它已经是存在的知识了。这句名言常被用来提醒别人的无知，就像苏格拉底在柏拉图的对话中所做的那样。

在柏拉图和亚里士多德之后出现的四个学派——皮勒尼怀疑主义、斯多葛主义、伊壁鸠鲁主义和犬儒主义，分别从不同的角度强调了苏格拉底关于不确定性的认识。犬儒学派的人还将这一思路扩展得更远，从国界到日常身体卫生，丢弃了所有根据人类惯例被认为是安全和正确的一切，而上帝是否存在的问题，在对不确定性的接受方面发挥着最大作用。生物学家托马斯·亨利·赫胥黎（Thomas Henry Huxley）在1869年正式提出这个术语时，所谓的不可知论，或者说我们对神圣一无所知的观点早就存在了。不可知论思想对许多基督徒来说很常见，包括索伦·奥贝·克尔凯郭尔（Søron Aabye Kierkegaard），他认为怀疑是信仰的先决条件，怀疑保证了个人信仰的发生。

一些基督徒也争辩说，我们永远不会通过思想的范畴来了解上帝，只有知道上帝不存在，我们才能接近上帝。这种无神论，或者说对神学的否定，也可以在12世纪的基督教神秘主义者埃克哈特大师（Meister Eckhart）的话中找到。埃克哈特发现，上帝的每一个形象都距离上帝一步之遥，而爱上帝的唯一方式是"非上帝，非灵魂，非人，非图像"。

埃克哈特大师是试图利用自己的宗教教义将人们从隐藏的思想结构中解放出来的神秘主义者之一。毫不奇怪，他的言论被指控为异端邪说。

一些宗教教义非常重视对不确定性的肯定，对他们来说，这甚至比宗教信仰更重要。中国唐朝的临济义玄禅师认为，当我们相信某些想法是绝对的真理时，就必须学会"杀掉"一切，即使是佛，唯此，才能摆脱一切障碍和束缚。

通过对不确定性的肯定我们可以发现，每一个担忧都包含了一些真理，让我们更接近奥秘，并明白自己有多无知。不确定性让我们有机会明白一个道理：认为自己可以控制局势的想法真是太疯狂了。

生活的智慧：接受现实，而不屈从于命运

可能佛是第一个阐述"痛"与"苦"的区别的，他用一张图像描述了二者的不同之处：当我们被第一支箭击中并感到疼痛时便是"痛"，但当我们为了拒绝这种痛而以反事实的方式再向自己射第二箭时，这第二支箭带来的便是"苦"。

如果是面对迫在眉睫的灾难，那么担心有助于我们了解现存的不安全感，这是一种微弱的安慰。"接受"可以保护我们免受第二支箭的伤害，但这并不能改变我们已经被第一箭射中的事实。

对这种差异的了解必不可少。接受我们现在的感受、想法和经历并不意味着我们必须接受我们目前所处的境况。我们可以接受我们此刻正在经历的"生活"，但不必接受我们的"生活境况"，即我们生活的条件。当我们发现自己处于一艘正在沉没的船上时，可以接受对死亡的恐惧，这是有道理的，但我们不要接受被死亡威胁的处境。我们可以接受自己的恐惧心情，但仍要努力坐上救生艇。

这种区别常常被忽视，而"完全接受"被当作目标：任何发生在我们身上的事情，我们都必须接受。例如，这可以从佛教的新自由主义变种中看出：失业者和雇员被迫进行正念练习，从而将剥削、混乱和屈辱"像呼气一样吐出去"。这些练习长期以来一直受到将社会责任当作道德标准的佛教徒的质疑，他们认为不能用正向冥想来解决社会发展中的问题。越南的一行禅师创建了主张承担社会责任的"入世佛教"。然后，他被谴责过于守旧。以社会为导向的佛教究竟应该是什么样子的，这个讨论一直没有停止。

即使是自然科学也没有为接受哲学提供操作层面的答案。在我们接受自己的担忧时，到底该怎么做，仍然没有答案。选择一个基于价值的目标，一种道德上的追求，然后坚持下去，似乎没有多大帮助。我们为什么

要选择这样的目标？对于美好生活的追求，不应该是基于恣意随心的愿望的吗？这样才值得我们付出努力啊！否则还有什么能支撑我们呢？

这时，知识不再能帮助我们。为了找到一个行动的方向，我们需要一个视角进行分析，了解当前的社会状况，从而了解我们可以在哪些方面做哪些事，以及我们必须在哪些事情上学会与之共存。了解为什么现在大众整体情况都不好，这是一个很好的切入点。

第 12 章
活出更自由的人生

我小时候，并没有真正注意到别人的焦虑，最多也只是短暂地在头脑中闪过。但每次发生这种情况时，一想到隐藏在背后的东西怎么那么巨大，我就感到头晕目眩，无法理解。深夜，当我们本该睡觉的时候，大人们开始尽情地倾诉自己的烦恼：他们表达了怀疑、不确定、矛盾感以及内疚感。我离开自己的房间静静地偷听着。

当我得知一位同学正在服用镇静剂时，我才真正感受到了同龄人的焦虑。丹在低年级时日子过得很轻松，总是比其他同学领先一步；但在中学时他失去了领先优势。他坐在教室后面，可以连续发呆好几个小时，考试还会交白卷。

医生给了丹各种抗抑郁药，被丹称为老鼠药。在所谓的系统治疗阶段，他经历了前所未有的焦虑。这些药没有任何效果，其中一种药物还使他掉光了头发。

我也知道丹有多焦虑。他没有完成考试不是因为漠不关心，就是因为受不了坐在那里被考题审问。他感觉自己被体内的某种东西封闭了，就像一场噩梦，一个糟糕的梦。他觉得问题下方的空白行像是一种暴力，他的脑袋似乎被一种无法表达的悲伤点燃了。感觉就像那些空白行要求我们做的每个问题，都会引发另一个笼罩着他的阴影。我完成了所有的考试题目时，丹却几乎什么也没做。

我们一直保持着联系，高中时我们选择了不同的学科，很快我们又都成年了。丹收集了各种对他的诊断：社交恐惧症、躁郁症、恐慌症，并使用了行为疗法和谈话疗法。一位心理学家发现他"有点精神病"，建议他找个女朋友。然后，这位心理学家还讲述了当他像丹这么大时已经谈过好几个女朋友了。

我认为丹担心的是，当社会将儿童以赢家和输家分类时，他会被排除在外并站在错误的一边。他继续呆在家里，被送进了精神病院几次。当我们的同学贷款买房、生儿育女时，丹在和我谈论 LSD 疗法、《原始的呐喊》（*The Primal Scream*）和拉康的精神分析，我们还谈论了医疗健康系统中塞满了抗抑郁药物是多么可悲、多么糟糕，而它们能提供的帮助越来越少。

丹在互联网论坛上寻找摆脱抗抑郁药物的方法。他将药片磨碎并用水稀释剂量，再逐次加水，年复一年。在精神病学的保护下，他安全地度过了 15 年，其间他的生活围绕着两个极端打转：焦虑和抗抑郁药。

有一次，我去他十几岁时就住着的房子里拜访了他。那时我们都已经 30 多岁了，和往常一样，他的母亲打开了地下室公寓的门，她的表情没有透露出任何信息。她很友好，她曾经告诉我，她很高兴有客人时不时来探访丹。我探头看向屋里，向电视房间里丹的父亲问好。他动了动嘴想要回答我，却没有从他的数独中抬起头来。他的嘴唇又青又肿，一只眼睛也是。

这次拜访看到的最奇怪的东西便是丹放在他房间画架上的画。它太大了，占了房间的一半，以至于床和桌子旁边都没有多少空间了，我只能坐在床上看着它。最近丹画的大部分是马克·罗斯科式的单色画，我看不懂，但这幅画代表了一些东西。我在厚厚的油层中，看到隐约的人形光脉和火红色的树，细节处的颜色是模糊的。

这是一幅充满温暖、舒适和忠诚感的画面。当我看着它时，它充斥了我的整个视线，我当时一定忘记了自己原本的情绪，转而被一种莫名失望和喜悦感包围了。

丹在自己的生活分崩离析时画了它。

警察前一天晚上去过那里。他的父亲一直在喝酒，并对丹和他的母亲大喊大叫。丹用他的游戏机打了父亲的头，然后把自己锁在房间里，拨通了911。

他告诉我，这不是他第一次打他父亲，很可能也不是最后一次。事情总是一样的，丹的父亲喝光家里所有的酒，并威胁要自杀。对于丹所受的屈辱，母亲会安慰他。

亲自面对这一切总比其他选择要好。自从丹"介入"后，他的父亲就没有再打过母亲。但是这样一来，丹就被困在家里了。

警察赶到时，他的父母以他的心理健康问题为由搪塞了警察。

直到现在，在17年的友谊之后，我才明白丹的处境。

我问他是否有哪个心理学家知道他是在受到虐待的情况下长大的，但显然没有。对他们来说，丹只是众多难治的焦虑症患者之一，几乎无法治愈。

我问他是否知道自己不必住在家里，他回答是的，他知道这一点。我说他完全有权举报他的父亲，让司法部门决定父母的命运，他也知道这一点，但他也有权不举报他们。他们明明让他受苦了，那为什么不让他们自己也受苦呢？

丹转向那幅画，用刷子指着它。

"我知道。"他说。

但现在最重要的是，他逐渐减少了剂量，并能更好地照顾自己了，他说在自己的状态变好之前他无能为力。

我们沉默了一会儿。我的目光再次停留在丹的画上，那幅画似乎想呈现一个更大的现实。不管我想再说些什么，我觉得丹之前应该都已经想到了。没有被压抑的创伤，没有必须进一步检查的大脑失衡。情况很简单，替代方案也很糟糕。

丹不是为了维护他的权利或遵循某些既定的道德，他只是不想让父母晚年孤独地住在公寓里，他也不希望父母分手。他想要一个解决方案，但不幸的是，没有原始的呐喊，没有迷幻中的自我瓦解，世界上没有哪种可供开悟的涅槃来给他提供帮助。

理解焦虑：焦虑者不是纸片人

面对像丹这样的故事，可以说，现代人是否无法忍受不安全感并不重要，我们唯一应该关心的是压力的具体形式。某些治疗方法的实施可能有其良好的策略依据，但并不能帮助我们理解焦虑。在丹这样的情况下，即使其他一切都保持不变，有一些事情也可以帮助他：他不再认为自己的担心是病态的。

他应该接受这些担心，对不舒服的情况要做出适当的反应。人们应该这样帮助他：应该看到这不是他的忧虑，这不是他个人的问题，他对家庭承担如此重大的责任在某种意义上是令人钦佩的，但他并不应该是唯一一个需要了解和面对这个问题的人。在超过15年的时间里丹都在独自面对一切，但精神病领域的医生们却未能与他建立起正确的关联，虽然为他投入了大量资源，每次他们诊断都会发现一个症状，直到他变成一个什么都不剩的纸片人。

焦虑的狂欢

在这个过程中，丹本不应该是一个无意志的猎物，他本可以向帮助他的人描述自己的情况，他本可以拒绝治疗。相反，他选择了一条让人扼腕叹息的道路。他选择承受基督的苦难，但却没有获得像基督一样的满足感。在我写这本书之前，我构思了以丹为原型的事例，而实际上他的故事仍然不为世人所知（在本书中丹是匿名），仍然被埋藏在关于遗传易感性、血清素、多巴胺、压力等的大量猜想之下。

值得注意的是，丹在精神病学的各种治疗中出现了孤立的焦虑问题，这个问题同时满足了多项诊断的标准。因此，将他的案例描述为医学式的结果，掩盖了这个案例背后能对他的病情做出解释的真实情况。在某种程度上，他的情况并不像其他人那么复杂，因为他的焦虑是如此具体。但丹的心理健康问题也是真实存在的。他是众多看到了危险并试图消灭它的人之一，结果却发现焦虑会衍生出更多的焦虑。

通常，这种风险意识是通过人类进化过程和生存本能来描述的。我前面已经提出了一些其他的解释。

像其他社会学家和人类学家一样，我认为未来的视野会被拓宽，原因很简单：一个不考虑明天的人是一个不会担心的人。"关注此时此地发生的事情"就是消除忧虑的有效做法。无论我们选择世界上的哪种宗教，这个信息都会以不同的形式呈现。"所以不要担心，"耶稣告诫人们说，"你不应该为此感到担心：我们要吃什么？我们要喝什么？我们要穿什么？只有异教徒才会寻求这一切。而你的天父知道你需要的都是什么。"

然而，耶稣和佛都没有提到，历史上最早的异教徒没有面对关于"明天"的问题，那时他们过得很好。我们对时间的认识还远远不够，对历史的掌握也还不超过一半。更重要的是，人类在耕种田地和计划未来收成时造成了时间的移位，在以农业为主要生产方式而发展起来的社会结构中，对未来的担忧不容忽视。对于那些继续狩猎采集的人来说，正念一直是他们生活中的一部分，根本就不需要学习。他们过着危险和艰苦的生活，但他们并没有陷入沉思。

当滴答作响的时钟成为宇宙的模型，植物和动物被更多地视为机械机器而不是有机体时，人类就被视为唯一的自主存在，就像木偶玩家一样，手中掌握着无数的因果关系。现代人开始为了自己的利益而操纵世界，代价是需要处理在这个过程中造成的各种风险。社会作为一种结构的形式存在，其内在风险主要集中在科学和政治上，一旦这些风险能够隐藏足够长的时间而不暴露，就会立马被政客们拿来用作赢得选举的武器。

如果一项政治政策只聚焦于风险，就很容易演化为一种负担。集体风险也是一种共同的风险，当谈论它时人们会感到震惊和深深的担忧，它会渗透到人们的内心深处。

在本书中我只描绘出"时间感知"和"机械世界观"两种发展框架，但关于"个人意识的觉醒"我还有很多话要说。"个体"在某种程度上始终存在，其重要性不言而喻。当社会学家谈到个体化时，作为个体的我们也越来越关注自身。那些重要性凌驾于个人之上的框架——家庭或村庄社区、宗教或阶级、性别或职业，现在都越来越退居幕后了。无论我们是否喜欢这种变化，它们都已经淡出了我们的生活。取而代之的是，我们每个人都拥有一个就业市场、一个福利体系、一个教育体系，一个法律体系，在这些体系里个人必须履行自己的责任。个人最终会在这个新的系统中成功还是失败，都掌握在他们自己的手中。

自我觉醒：找到自我幸福之路

这种自我觉醒总是伴随着矛盾与反思。在一致强调个人独立性的社会体系中，科学界长期以来都将个体划分至冲突性力量的类别中。才能、神经、无意识的本能、压抑的创伤、自私的基因和微弱的信使物质构成了个体，它们就像入侵的外星人一样，有能力欺骗和破坏自我控制的力量。在这些因素中，哪一个会在人体机器中发挥更主要的作用，在不同的历史时期各不相同，但它们都会使个体远离自身的经验。这产生的后果之一是，现在人们不仅仅要应对外部世界的各种风险，还要面对内心的风险——思考、感受，或者两者的融合，这些都有可能成为我们担忧的来源。

当我们担心时，就把外部风险和内部风险结合在一起了。焦虑不仅是对外在风险的识别，也是想要摆脱外在风险的愿望所造成的内在紧张。我们有着各种各样不同的焦虑，但它们都有着固定的模式。

有好几种风险理论都专注于个体对自我的考察，这些风险理论是历史性的，有的寿命较短，有的较长。例如，宗教人士对自在信仰的程度和方式进行考察是很奇怪的。考察自己性行为是否正确，爱的方式是否正确，这也很奇怪。前几代人对风险领域的判断和应对都是我们无法理解的，就像我们无法理解17世纪的女巫信仰一样。

风险领域的不确定性也源于我们对合理性和确定性的期望。虽然我们在面临人生的诸多选择时不可能永远保持理性，但我们却期望自己和别人都能做出合理选择。

生活在不安全感中，并不是说要放弃对自我的保护，把自己暴露在灾难的风险中，这样可能会被指责为"缺乏思考"。

当我坐在丹的床上看着他的照片时，脑袋里并没有想到这一切。我只是在想，在时光流逝中我们与周围环境之间的那些无言的距离。我想，在那一刻，突然宣布世界末日即将到来，可能会很应景，可以打破循环的思考并将它融入命运共同体中，那将会成为一种救赎，哪怕只是瞬间。

焦虑是如此矛盾：内心准备承担无限的责任，对外却漠不关心；在思想的反事实世界中狂妄自大，在行动的真实世界中却很被动；有牺牲精神，却以自我为中心；理性却荒谬。

检查焦虑中固有的矛盾，是最好玩的心理游戏之一。

任何曾经试图摆脱焦虑和担忧的人，都体验过它们的弹性和不可否认性，即使在理论上也时常找不到出路。将分析的重点放在单一的变量上，比如不平等或屏幕使用时间，我们就可以机械地分析，如果一个变量改变了，另一端的相应变量将如何随之改变。但如果焦虑是起源于现代化本身，我们该怎么办？冥想？接受？服用药物？

我们的时代常被描述为玩世不恭的时代。我们不相信上帝，也不相信乌托邦，我们直面真相，不抱有任何幻想。但仔细观察下，我们会发现这种玩世不恭的态度主要是针对社会的发展，而我们对个人的幸福绝不会玩世不恭。我们会想：也许这个社会已经无可救药了，但作为个体，我仍然可以找到属于自己的幸福之路。如果调转这个思路为"自己的幸福已经无可救药了，但这个社会不应该是始终不变的"，会怎样呢？

下一步：面向未来，而不是退回过去

与书中的其他内容相反，我想如此结尾：对于不存在但可能存在的世界，就要用反事实的方式而不是事实的方式去应对。我建议的是多给自己一些选项，用那些不同的、脆弱的、不真实的、不同的，甚至不可能达到的方式去做出改变，但回到过去不是其中的一种选项。我们今天仍然面临着许多选择，也面临着许多风险，但我们可以探讨如何去处理它们。在我的认知中，世界本就是充满不确定性的世界。

如果我们将保持内心平静的承诺抛在脑后会怎样？ 尽管我在公开的讨论中很少提到集体幸福感，但作为个人，必须良好地承担社会责任，这就如同挂在我脖子上的磨石一样。

在佛像幸福的笑容中，在周末报纸上的迷人图片中，在杂志里的温馨家庭故事中，我们总是看到相同的信息：你应该感到幸福！

要想对抗这种意识的轰炸，接受现状是最有效的解药。但是，如果担忧和其他负面情绪无法摆脱，那么接受只是假装出来的。对于永恒的内心平静来说，接受只不过是试图用思想摆脱思想的行为，是一种不稳定的承诺。通过接受而获得释然，并不是说我们要立即停止对奖励的期待，我们要接受现实，而不是接受情绪。

所有的担忧都包含着一个真相，那就是这个世界充满了不确定性。这个真相甚至存在于最可疑的强迫性想法中，而强迫性想法的特征是不确定性不会消失，只有自身想象力的极限才能决定一个人到底能应对多少不确定性。这个真相隐藏在担忧中，它如此微小，以至于让我们无法看到整个世界都充满了风险的事实。在日常生活中，无论我们做什么都会承担风险，这些风险对于某些人来说可能就是无法接受的。然而，只有当我们接近自己的焦虑时，我们才能深入了解世界的本质。从这个意义上讲，勇气既不是情感也不是美德，勇气是一种行为，它阻止我们以单一的方式体验世界，却促使我们更接近世界。

那么，如果对"更糟"的焦虑让位于对"更好"的渴望会怎样？随着时代的发展，风险规避对社会发展所产生的作用越来越小。风险规避也没有在任何具有历史意义的改革中发挥作用；相反，在废奴主义者要求废除奴隶制时，在妇女参政者争取妇女普选权的斗争中，在瑞典工会的第一个争取健康和失业保险的运动中，都是以"为更高的利益而冒险"为原则的。

对于理性核算的需求，恰恰说明了风险政策的非理性。使政客们胜出的风险政策，很少是涉及那些发生概率最大或影响力最大的风险。到目前为止，没有人因承诺应对全球变暖而赢得选举，尽管已经可以预见到灾难性的后果：冰川融化，6500万年来最快的大规模灭绝。相比之下，承诺对暴力行为进行严厉打击，或者承诺整治性行为异常的移民群体之类的策略经常会赢得选举。

风险政策的有效工具是图片和叙述，而不是概率和实际损失，因为概率和实际损失所透露的首要信息始终是真实的、中立的。我们必须让引起焦虑的事情变得无害。风险管理已不可避免地融入现代技术，对桥梁、发电厂和水坝进行维护都是好事情，是面向未来的管理。但是同样的逻辑应用于社会时，保守主义会获胜的前提是：这是一个运转良好的社会。

打破风险政治，意味着将向下的反事实（对不存在的风险的担忧）换成向上的反事实（对未来美好的企盼），用对美好事物的渴望来挑战担忧，不要将外部需求作为政治论据。换而言之，就是停止撒谎。军备竞赛、国际恐怖主义或全球变暖都没有对社会产生压迫性的危害，可以将它们定性为易引发危害的敏感点，而不是需要缓解的风险，这样才更符合道德标准。当然，我们可以为自己的政策树立一个目标愿景，前提是已经了解我们所面临的危险。在面对全球变暖问题时，我们也可以考虑为不断增长的经济奠定好的基础，大力发展地理学工程，促进改装电动汽车的发展，并扩大核能的应用，那样的话一切都会变得不同；要想整治大都市郊区的暴力帮派，也可以致力于减少不平等的政策，引入更严格的边境管制并雇用更多的警察，那样一切才会变得更好。风险中心不是一个非此即彼的关系，无论我们做什么，都有可能引发担忧。我们不会在担心或安心之间做出选择，而是在不同的政策原则之间做出选择。

如果时间感可以改变会怎样？ 在脑海中进行精神的时间旅行，前往我们尚未看到的未来，以及永远不会回到的过去，是人类的一种自然能力。但如果经常回到过去，我们会对眼前的世界感到陌生，这就不正常了。

诚然，作为个人，我们可以通过所有可能的方式学习正念，但也确实会有那么一段时间，无论做什么都无法唤起正念。这是一种与听觉和视觉一样自然的技能，这种正念的先决条件是丰富的自然资源：地球为我们提供了如此多的食物，我们不必因担心未来会发生的灾难而不得不做好计划和核算。

大自然就能提供丰富资源的时代一去不复返，我们无法离开自己的城市去寻找数量庞大的免费水果。但这并不意味着我们缺乏资源，仅在20世纪，工业化国家的生产率平均提高了10倍。今天我们用越来越少的劳动力生产越来越多的产品，自从20世纪70年代的"富裕社会"（西方国家经济繁荣发达的阶段）被批评不够可持续后，经合组织国家的生产力到现在为止翻了一番。根据联合国粮食及农业组织的说法，我们今天生产的食物足以满足世界上所有人口的需求，再增加一半的人口也没问题。物质虽然极大丰富，但分布不均，不仅在食物方面，在所有生产方面都是如此。

至少在未来可预见的一段时间内，我们可以继续生产越来越多的产品。我们可以使海平面上升，使沙漠化扩大，甚至会去其他星球上开采矿石。大自然不会强迫我们停下来。

但我们也可以选择另一条路。越来越短的工作时间、有保障的基本收入，生产的民主化，用3D打印机满足生产大部分需求……这些都是次要的。最重要的是，这个问题不仅仅是关于社会正义或环境可持续性的，更多的是要考虑选择新生活的原则，解决约翰·梅纳德·凯恩斯（John Maynard Keynes）所谓的"经济发展困境"——"我们必须为生存而工作，毫不夸张地说，这将是我们开始耕种以来人类生存面临的最大转变。"

如果灾难已经发生会怎样？ 从过去的历史我们可以判断，未来肯定会有其他的生活模式出现，但有种观念坚定地认为当前社会形式应该永远存在，这种观念如此持久以至于经常被评论家和学术界忽视，认为它毫无价值。如果这种想法经受住了考验，那就意味着我们想要在对集体感到绝望时进行彻底、持久的社会变革,以应对这一场又一场危机,但行动起来却无比迟缓。我们激动地决定必须做点什么,但面对自己的无能为力时我们也很无助:做点什么是我们唯一不能做的。

新的危机已拉响警报,现在必须要做一些事情了! 一种渴望被唤醒:愿这场巨大的危机会迫使我们迅速行动起来,去做那些我们显然无法自发行动起来去实现的事。

危机只能引发反应,行动有它自己的原因和解释。它不是由担心、希望或任何其他情绪产生的,它从自身产生。

行动意味着冒灾难的风险,不行动也意味着冒灾难的风险。无论我们承担风险还是避免风险,灾难的风险都存在。但并非所有的灾难都是未来的主旋律。在这本书中,我描述了风险规避可能带来的灾难,它现在正在发生。

结语

我感谢所有向我描述过自身焦虑的人。你们教会了我很多，包括本书中没有写到的许多人，我对你们所忍受过的痛苦，以及仍在悄悄经历的事情充满钦佩和惊叹。我感谢你们选择将自己的脆弱托付给我这个陌生人，你们是我心目中的英雄，勇敢无畏，因为没有一个快乐的人能做到这一点。

我要感谢我的编辑萨拉·尼斯特伦（Sara Nyström），她从看到我的第1章草稿的那天起，就一直鼓励和支持我，尽管我在写作过程中经历了数次退缩。我还要感谢克里斯蒂安·曼弗雷德（Christian Manfred），他敏锐的眼光和独特的语言感在成书过程中发挥了无可估量的作用，他也让我爱上了达内兄弟的电影。

弗雷德里克·温泽尔（Fredrik Wenzel）就是个全能天才（毫不夸张），他不仅设计了挪威语版的封面，还以其清晰的视野为本书的多个版本做出了贡献。感谢所有的帮助，感谢你的友谊，弗雷德里克。感谢所有阅读本书并提出建议的人：埃里克·霍姆斯特伦（Erik Holm-ström）、卡伊·哈坎森（Kaj Håkanson）、约瑟芬·保尔森（Josefine Paulsen）、丹·卡雷曼（Dan Kärreman）、马茨·阿尔维森（Mats Alvesson）、卡尔·塞德斯特伦（Carl Cederström）。谢谢你们，没有你们的支持，我不敢出版这本书。

如果我能成功地写出一本书，描述思考的不确定性，没有错误或歧义，那一定不只是因为我强迫症般的掌控欲，许多人在这方面都帮助了我。但是，如果出现了错误，那只能是我的错。但有一个人阅读了很多次这本书，并给出如此之多的评论，以至于她也承担了责任：安娜·林德奎斯特（Anna Lindqvist），我过去15年来最鼓舞人心、最挑剔和最忠诚的读者。

感谢你的出现，感谢你像孩子一样轻松地打破规则，让我敢于睁开眼睛面对生活中的冒险。因为我们还活着！

Tänk om : en studie i oro by Roland Paulsen.

Copyright © Roland Paulsen.

First published in Swedish 2020.

Published in the Simplified Chinese language by arrangement with Bonnier Rights, Stockholm, Sweden, through The Grayhawk Agency Ltd.

Chinese Simplified translation copyright © 2025 by China Renmin University Press Co., Ltd.

All rights reserved.

本书中文简体字版由 Albert Bonniers Förlag 通过 The Grayhawk Agency Ltd. 授权中国人民大学出版社在中华人民共和国境内（不包括香港特别行政区、澳门特别行政区和台湾地区）独家出版发行。未经出版者书面许可，不得以任何形式复制或抄袭本书的任何部分。

版权所有，侵权必究。

北京阅想时代文化发展有限责任公司为中国人民大学出版社有限公司下属的商业新知事业部，致力于经管类优秀出版物（外版书为主）的策划及出版，主要涉及经济管理、金融、投资理财、心理学、成功励志、生活等出版领域，下设"阅想·商业""阅想·财富""阅想·新知""阅想·心理""阅想·生活"以及"阅想·人文"等多条产品线，致力于为国内商业人士提供涵盖先进、前沿的管理理念和思想的专业类图书和趋势类图书，同时也为满足商业人士的内心诉求，打造一系列提倡心理和生活健康的心理学图书和生活管理类图书。

《我在美国当精神科医生》

- 走进18位精神疾病患者鲜活的世界，看见人世百态，体味人间悲喜。
- 在形形色色的人间悲欢和点点滴滴的人世温情中，照见并疗愈自己。

《战胜抑郁症：写给抑郁症人士及其家人的自救指南》

- 美国职业心理学委员会推荐，一本帮助所有抑郁症人士及徘徊在抑郁症边缘的人士重拾幸福的自救指南。
- 本书将告诉你面对抑郁症最正确的做法是什么，并指引你去寻找最佳的诊断和治疗方法。

《情绪自救：化解焦虑、抑郁、失眠的七天自我疗愈法》

- 心灵重塑疗法创始人李宏夫倾心之作。
- 本书提供的七天自我疗愈法是作者经过多年实践验证、行之有效、可操作性强的方法。让阳光照进情绪的隐秘角落，让内心重拾宁静，让生活回到正轨。